T0197281

Unsicherheiten, aber sicher!

Burkhard Priemer

Unsicherheiten, aber sicher!

Vom kompetenten Umgang mit ungenauen Daten

 Springer

Burkhard Priemer (iD)
Didaktik der Physik
Humboldt-Universität zu Berlin
Berlin, Deutschland

ISBN 978-3-662-63989-4   ISBN 978-3-662-63990-0   (eBook)
https://doi.org/10.1007/978-3-662-63990-0

Die Deutsche Nationalbibliothek verzeichnet diese Publikation in der Deutschen Nationalbibliografie; detaillierte bibliografische Daten sind im Internet über http://dnb.d-nb.de abrufbar.

Covermotiv: © deblik, Berlin
Covergestaltung: deblik, Berlin

Planung: Margit Maly
Springer ist ein Imprint der eingetragenen Gesellschaft Springer-Verlag GmbH, DE und ist ein Teil von Springer Nature.
Die Anschrift der Gesellschaft ist: Heidelberger Platz 3, 14197 Berlin, Germany

Vorwort

Hin und wieder werde ich gefragt, womit ich mich als Physikdidaktiker beschäftige und worin mein Forschungsinteresse besteht. Die kurze Antwort lautet: Ich arbeite daran, dass Lernende verstehen, wie sie mit Messergebnissen – z. B. aus physikalischen Experimenten – angemessen umgehen können, um datenbasiert zu argumentieren. Die längere Antwort auf die Frage ist dieses Buch!

Bei jeder Messung treten Ungenauigkeiten – besser gesagt *Unsicherheiten* – auf, und diese gilt es zu berücksichtigen. Das ist die Botschaft, die mir am Herzen liegt. Denn das Ergebnis einer Messung ist nicht einfach nur eine einzige Zahl. Zusätzlich benötigen wir eine Einschätzung darüber, wie sicher wir uns bei dieser Zahl sein können, dass diese unsere zu messende Größe auch gut repräsentiert. Denn Unsicherheiten sind unvermeidbar, keine Messung ist perfekt. Das Wichtige und Unverzichtbare ist deshalb, diese Messunsicherheiten zu kennen. Nur so kann etwas über die Qualität von Daten aus Messungen ausgesagt werden, um sie für bestimmte Zwecke zu nutzen, wie folgendes Beispiel illustriert.

„Von der See bis zu den Alpen: Deutschland wird neu vermessen" lautete im Juni 2021 der Titel einer Presseinformation der Arbeitsgemeinschaft der Vermessungsverwaltungen der Länder der Bundesrepublik Deutschland.[1] Insgesamt 35 modern ausgestattete Vermessungstrupps der Länder und des Bundes bestimmten bis auf wenige Millimeter genau die exakte Position von 250 Vermessungspunkten in ganz Deutschland. Doch wofür wird eine so genaue Messung mit einer so kleinen Messunsicherheit gebraucht? Eine präzise Kenntnis der Erdoberfläche hilft, Folgen des Klimawandels zu untersuchen, Hochwasserschutz zu planen, Veränderungen von Landschaften wie Küsten und Berge zu beobachten sowie technische Innovationen wie autonomes Fahren zu realisieren. Letztlich geht es dabei auch um unser Leben und unsere Sicherheit.

Messungen sind in unserer Gesellschaft unverzichtbar, und die Genauigkeit der Daten bestimmt, wie sicher bzw. unsicher wir uns bei Aussagen, Prognosen oder Folgerungen sein können. Doch woher stammen eigentlich diese Unsicherheiten in Messungen? Wie lassen sie sich erfassen? Welche Bedeutung haben sie, und wie kann ich mit ihnen umgehen? Diese und viele andere Fragen werden in diesem Buch beantwortet.

Ich lade Sie herzlich zu einer sicher geführten Reise durch Unsicherheiten von Daten ein.

Berlin   Burkhard Priemer
im Sommer 2022

---

[1]Quelle: Arbeitsgemeinschaft der Vermessungsverwaltungen der Länder der Bundesrepublik Deutschland, http://www.adv-online.de, https://www.lgln.niedersachsen.de/startseite/wir_uber_uns_amp_organisation/presse_amp_broschuren/von-der-see-bis-zu-den-alpen-deutschland-wird-neu-vermessen-201074.html.

Herzlichen Dank!

Dieses Buch wäre ohne die engagierte Mithilfe von Kolleginnen und Kollegen, Bekannten und meiner Familie nicht entstanden. Euch allen möchte ich ganz herzlich danken! Aus den zahlreichen Kommentaren und Anmerkungen aus unterschiedlichsten Blickrichtungen habe ich vieles lernen können.

Für die umfangreiche Beratung bei der Erstellung des gesamten Manuskripts bedanke ich mich ganz besonders bei *Renata Lucic, Tobias Ludwig, Phillip Möhrke, Oliver Passon, Jana Priemer* und *Steffen Wagner.* Ich weiß es sehr zu schätzen, dass ihr viel Zeit und Energie in dieses Projekt gesteckt habt.

An verschiedenen Stellen dieses Buches ist das Feedback weiterer kritischer Leser eingeflossen. Besten Dank an *Franz Boczianowski, Franziska Hagos, Haike Herzog, Karel Kok, Ulrich Kretschmer, Anton Priemer, Emil Priemer, Hildegard Priemer, Peter Priemer, Margit Maly, Stephen Mayer, Johannes Schulz, Ingo Weller, Raphael Weß, Max Ziegler* und *Martin zur Nedden.*

Ohne dass sie das Manuskript zu diesem Buch je gesehen haben, bedanke ich mich bei *Susanne Heinicke, Heidrun Heinke* und *Julia Hellwig*. Danke für die vielen Anregungen zum Thema dieses Buches, die ich von euch im Laufe der Jahre erhalte habe.

Vielen Dank für eure Unterstützung!

Berlin   Burkhard Priemer
im Sommer 2022

Inhaltsverzeichnis

Auch Bücher sind unsicher!

Haben Sie unpräzise, unrichtige oder ungenaue Aussagen in diesem Buch gefunden? Oder möchten Sie Ergänzungen machen, Beispiele hinzufügen, Kommentare abgeben oder Lob äußern? Konstruktive Kritik ist mir immer willkommen. Schreiben Sie eine E-Mail an priemer@physik.hu-berlin.de.

1

Aller Anfang ist unsicher

Autofahren in Berlin macht mir nicht sonderlich viel Spaß, weshalb ich in der Regel mit dem Fahrrad unterwegs bin. Das macht das Leben nicht wirklich sicherer, hält aber fit und dauert meistens auch nicht länger als die Fahrt mit Bus, Bahn oder Auto. Doch ab und zu muss ich meinen Diesel-Bulli bewegen, und mit diesem wäre ich im Frühjahr 2020 beinahe versehentlich und wider die Straßenverkehrsordnung durch die Leipziger Straße in Berlin gefahren. Dort gilt nämlich seither ein Dieselfahrverbot für Kfz bis Euro-Norm 5/V (siehe Abb. 1.1), die mein Auto bedauerlicherweise nicht erfüllt. Also das Auto wenden, das Navi eine neue Route berechnen lassen und einen Umweg durch die Innenstadt fahren. Währenddessen denke ich darüber nach, ob dieses Verbot tatsächlich zielführend ist. Wenn jetzt alle Diesel-fahrer mit ihren Kleiner-Gleich-Euro-Norm-5-Fahrzeugen Umwege durch die Stadt fahren, um gesperrte Straßen zu meiden – erzeugt das nicht im Prinzip nur noch mehr Abgase und macht das damit die Luft in der Innenstadt nicht noch

© Der/die Autor(en), exklusiv lizenziert durch Springer-Verlag GmbH, DE, ein Teil von Springer Nature 2022
B. Priemer, *Unsicherheiten, aber sicher!*,
https://doi.org/10.1007/978-3-662-63990-0_1

Abb. 1.1 Was bewirken Dieselfahrverbote? Ein Verkehrsschild auf der Leipziger Straße in Berlin weist auf ein Durchfahrtsverbot für Dieselfahrzeuge bis Euro-Norm 5/V hin

schlechter? Andererseits – so kommt mir in den Sinn – könnte es durchaus sein, dass die Luft- und Lebensqualität in den „verbotenen" Straßen nun steigt und manch einer – wie ich – es sich jetzt noch gründlicher überlegt, ob auf das Auto nicht doch noch öfter verzichtet werden könnte. Dann würden vielleicht die Emissionswerte nicht nur in den betroffenen Straßen, sondern in der gesamten Innenstadt sinken.

Fragen an die Wissenschaft

Wie lässt sich die Frage beantworten, ob Fahrverbote für die Reinhaltung der Luft einer Großstadt wirksam sind und zur Verringerung des Anteils von Stickstoffoxiden beitragen? Die Antwort ist für uns alle relevant, denn zum einen wird durch Fahrverbote unsere Mobilität eingeschränkt, zum anderen soll unsere Gesundheit bzw. unsere Umwelt nicht gefährdet werden. Nicht selten sollen in solchen Interessenkonflikten wissenschaftliche Untersuchungen Klarheit schaffen und Messungen den Erfolg oder Misserfolg der Maßnahmen belegen. Um hier sicherer zu sein, ist es also wichtig, Messinstrumente

Abb. 1.2 Messgeräte auf der Leipziger Straße in Berlin erfassen die Luftbelastung, z. B. den Stickstoffoxidgehalt. Für den Standort der Messgeräte gelten bestimmte Vorschriften, wie z. B. die Höhe über dem Fußweg und die Entfernung von der Straße

mit hoher Qualität zu nutzen (Abb. 1.2). Die Qualität zeigt sich bei Messungen, indem neben den vom Messgerät abgelesenen Zahlenwerten zusätzlich angeben wird, wie sehr diesen vertraut werden kann, also wie hoch die Sicherheit bzw. Unsicherheit ist, dass man mit diesen Werten auch richtig liegt.

Genaue Messungen mit einer bekannten Unsicherheit sind manchmal notwendig, damit Entscheidungen wie Fahrverbote begründet getroffen werden können. Diese berühren nicht selten unser Leben direkt. So ist es z. B. wichtig zu wissen, wie hoch der Grenzwert für die Luftbelastung ist, die uns noch zugemutet werden kann: Wie viel Stickstoffoxid darf man „problemlos" einatmen? Oder ist in der gesperrten Straße in meiner Nachbarschaft die Luftverschmutzung tatsächlich so gesundheitsgefährdend hoch, dass ich diese lieber meiden sollte? Kann das Fahrverbot tatsächlich meine Lebensumwelt so verbessern, sodass ich es akzeptieren oder sogar unterstützen kann? Oder führen Fahrverbote insgesamt gar nicht zur

Verbesserung der Luft in einer Straße, sondern erzeugen noch zusätzliche Schadstoffemissionen an anderen Orten?

Wissenschaft spielt zur Beantwortung dieser Fragen eine bedeutsame Rolle in unserem Alltag, und da Messungen Basis vieler wissenschaftlicher Arbeiten sind, beeinflussen deren Unsicherheit die Qualität der gesammelten Daten. Messungen ergeben nämlich nicht – wie vielleicht vermutet – exakte Ergebniswerte, sondern können in einem gewissen Rahmen schwanken: Sie haben Unsicherheiten. Messende Wissenschaften tun also etwas, das dem Wunsch vieler Menschen und ihren Vorstellungen von „exakten Wissenschaften" zu widersprechen scheint: Sie verzichten auf ein exaktes Ergebnis – ein Ergebnis, das nur noch aus einer Zahl und einer Einheit besteht. Stattdessen akzeptieren sie Schwankungen. Mal sind diese sehr klein: Wir können z. B. Bruchteile von Billiardstel-Sekunden messen, Hochgeschwindigkeitszüge fast auf die Sekunde genau ankommen lassen (der Shinkansen in Japan hat eine durchschnittliche jährliche Verspätung von unter einer Minute) und Ortsbestimmungen durch Satelliten im Millimeterbereich vornehmen (mit dem Differential Global Positioning System). Mal sind die Unsicherheiten größer, wie z. B. bei der Prognose von Temperatur und Windgeschwindigkeit eine Woche im Voraus, der Bestimmung der Artenzahl aller Tiere auf der Erde oder der Größe des Durchmessers des Zwergplaneten Sedna.

In diesem Sinn ist in diesem Buch von *Unsicherheit in Daten* die Rede. *Datensicherheit* oder *Datenunsicherheit* im Sinne der Frage, wie gut unsere Daten in der digitalen Welt geschützt sind, ist ein anderes wichtiges Thema, um das es hier aber *nicht* geht.

Wann Unsicherheiten in Daten wichtig sind
Es gibt viele weitere Situationen, in denen es wichtig ist, Unsicherheiten in Daten bzw. Unsicherheiten, die

aus Daten entstehen, genau zu kennen. Bei der Rechtsprechung ist die Unsicherheit von Gen-Tests bei der
Überführung eines Täters oder einer Täterin äußerst
wichtig. Schließlich soll niemand unschuldig ins Gefängnis kommen. Bei medizinischen Tests ist es ebenfalls
bedeutsam zu wissen, wie hoch die Wahrscheinlichkeit
ist, dass ein positives Ergebnis tatsächlich richtig ist, z. B.
beim Corona-Test oder Brustkrebs-Screening bzw. beim
Schwangerschaftstest.[1] Denn ein positives Testergeb-
nis kann zu Sorgen und Ängsten bzw. auch zu großen
Hoffnungen führen, die das Leben stark verändern können.
Bei Schwangerschaften ist es weiterhin wichtig zu wissen,
wie sicher der errechnete Geburtstermin ist. Schließlich
kann es bei Früh- oder Spätgeburten zu Komplikationen
kommen. Bei der Doping-Kontrolle beim Sport ist es
relevant, ob tatsächlich ein Regelverstoß vorliegt und die
Leistung ggf. aberkannt wird. Weiterhin ist es wichtig zu
wissen, wer von zwei Läufern oder Läuferinnen tatsächlich zuerst ins Ziel gekommen ist und die Goldmedaille
erhält. Bei der Verkehrsüberwachung durch „Blitzer" spielt
es eine Rolle, wie genau die Messung war, da sich die Strafe
nach der Höhe der Überschreitung der maximal zulässigen
Höchstgeschwindigkeit richtet. In der Politik möchte man
abschätzen können, mit welcher Sicherheit prognostizierte
Wahlergebnisse hochgerechnet werden. In der Vergangenheit gab es überraschende Wahlausgänge, die vielleicht
weniger überraschend gewesen wären, wenn die Unsicherheiten in der Prognose angegeben worden wären.

In der Wissenschaft ist es schließlich ausschlaggebend
zu wissen, wie gut Prognosen zutreffen, z. B. hinsicht-

---

[1] Das Beispiel zum Brustkrebs-Screening wird in folgendem Buch genauer ausgeführt: Gigerenzer, G. (2013). Risiko: Wie man die richtigen Entscheidungen
trifft, München: Bertelsmann.

lich der Entwicklung der Temperatur auf der Erde. Für uns in Deutschland klingt ein prognostizierter stetiger Temperaturanstieg zunächst unproblematisch. Doch schon jetzt laufen junge Menschen mit „provokanten" Schildern wie „Opa, was ist ein Schneemann?" durch die Städte. Wenn es wärmer wird, dann „fehlt" nicht nur der Schnee, es steigt auch bei uns die Wahrscheinlichkeit von Unwettern. Anderswo haben Menschen schon jetzt viel stärker mit den drastischen Folgen klimatischer Veränderungen zu leben, und ein Anstieg des Meeresspiegels wird voraussichtlich zu weiteren massiven Migrationsbewegungen auf der Erde führen.

Worum geht es also?

In vielen Lebensbereichen müssen wir uns auf Tests, Messungen und Prognosen verlassen, die unser Leben direkt oder indirekt betreffen und die relevante Unsicherheiten haben können. Mit Kenntnis dieser Unsicherheiten kann die Qualität der Daten überhaupt erst abgeschätzt werden, und die Qualität der Daten beeinflusst wiederum die daraus gefolgerten Aussagen und unsere Zustimmung oder Ablehnung von Maßnahmen wie etwa die oben geschilderten Fahrverbote.

Viele Entscheidungen in Politik und Gesellschaft werden heutzutage mit wissenschaftlichen Aussagen und z. T. auch mit Daten begründet. Damit wir diese Begründungen und Aussagen besser nachvollziehen können, ist es notwendig, selbst kompetenter und kritischer im Umgang mit Daten und deren Unsicherheiten zu werden. Das betrifft etwa das Verstehen von Schwankungen in Daten, die Einschätzung der Güte von Messungen, das Vergleichen von Messwerten und das Schlussfolgern aus und das Bewerten von Ergebnissen. Da nicht selten bei kontroversen Diskussionen hinter jeder

Meinung mehrere Experten oder Expertinnen stehen, bleibt uns mitunter schlicht nichts anderes übrig, als uns selbst eine Meinung zu bilden und die Situation für uns zu beurteilen. Das ist zur Teilnahme an politischen und gesellschaftlichen Entscheidungen und Entwicklungen zunehmend notwendig. Ein informierter Umgang mit Daten ist deshalb wichtig für alle, also nicht nur für Entscheidungsträger in Politik und Wissenschaft, sondern auch für jeden von uns.

Unsicherheiten in Daten spielen nicht nur bei komplexen gesellschaftlichen Themen wie Mobilität, Gesundheitsschutz, Umweltschutz oder Energieversorgung eine Rolle, sondern auch im täglichen Leben. Mit Unsicherheiten umgehen zu können kann vor unangenehmen Überraschungen schützen: Ich interpretiere medizinische Testergebnisse nicht falsch, ich bleibe nicht mit leerem Tank liegen, ich überwürze meine Gerichte nicht, ich trage keine für das Wetter unangemessene Kleidung, ich komme nicht zu spät, und ich schließe nicht leichtfertig Verträge über Versicherungen oder Wertanlagen ab.

Mit diesem Buch möchte ich grundlegende Hinweise geben, wie Sie mit Unsicherheiten in Daten umgehen können. „Umgehen" umfasst hier erkennen, abschätzen, vergleichen und bewerten. Dazu werden Konzepte aus der Wissenschaft – dem Messwesen, der Psychologie und der Didaktik – herangezogen und verständlich dargestellt. Zahlreiche illustrierende Beispiele stammen aus den Naturwissenschaften, insbesondere der Physik, und richten den Blick auf Unsicherheiten vorrangig bei Messungen und in manchen Fällen bei Prognosen. Darüber hinaus werden aber auch Beispiele aus Gesellschaft und Alltag beschrieben. In diesen Fällen wird dann in der Regel ein umfassenderer Begriff von Daten verwendet, der über Messungen hinausgeht.

Es werden keine besonderen mathematischen oder naturwissenschaftlichen Kenntnisse vorausgesetzt, vertiefende und ergänzende Informationen werden in zusätzlichen Textkästen erläutert.

2

Auf ein Date mit Daten

Wo spielen Daten eine Rolle? Was sind Daten? Wo begegnen wir unsicheren Daten? Woher kommen Unsicherheiten in Daten?

Als ich im letzten Jahr in einer Arztpraxis auf einem Fragebogen meinen Beruf angegeben hatte, wurde ich von meinem Arzt gefragt, was Didaktik der Physik eigentlich ist. „Was Physik ist, weiß ich in etwa…", sagte der Arzt „und was Didaktik ist, kann ich mir auch halbwegs vorstellen – das hat mit Lernen zu tun. Aber beides zusammen?" „Also", sagte ich, „stellen Sie ich vor, Sie müssten Medizinstudierenden Physik beibringen. Physikdidaktiker können Ihnen sagen, wie das am besten geht. Dazu gehört die Auswahl der richtigen Inhalte und Experimente, die Formulierung der Kompetenzen, die die Studierenden erwerben müssen, und natürlich die Verfahren, wie man ihren Lernerfolg überprüft. Und das alles auf Mediziner zugeschnitten." „Ja, und was ist daran Forschung?", wurde ich daraufhin gefragt, „Das

© Der/die Autor(en), exklusiv lizenziert durch Springer-Verlag GmbH, DE, ein Teil von Springer Nature 2022
B. Priemer, *Unsicherheiten, aber sicher!*,
https://doi.org/10.1007/978-3-662-63990-0_2

macht doch jeder Lehrkraft." Die Antwort ist ganz einfach. *Zum einen müssen neue Themen, wie z. B. Ergebnisse aus der Forschung zur Kernspinresonanz,[1] zunächst so aufbereitet werden, dass sie nicht nur von Physikerinnen und Physikern verstanden werden, sondern auch von Medizinerinnen und Medizinern. Zum anderen müssen die Inhalte dann in gute und funktionierende Vermittlungskonzepte integriert werden. „In Forschungsprojekten wird untersucht, ob, wie und unter welchen Bedingungen Physik am besten gelernt werden kann", lautete deshalb meine Antwort. „Forschung in der Physikdidaktik ist also manchmal so ähnlich wie Forschung in der Medizin", versuchte ich zusammenzufassen. Es wird ein Defizit diagnostiziert – eine Wissenslücke bzw. eine Krankheit –, dann auf Basis des Forschungsstandes ein Hilfsmittel entwickelt – ein Lehrkonzept bzw. eine Therapie – und diese dann mit Probandinnen und Probanden – Lernenden bzw. Erkrankten – auf Wirksamkeit überprüft. Letzteres geht z. T. nicht ohne empirische Daten. Mit diesen kurzen Ausführungen endete mein Versuch, in wenigen Minuten einen Einblick in Arbeitsbereiche eines Physikdidaktikers zu geben. „Ich erspare Ihnen jetzt mal die Lernerfolgskontrolle", scherzte ich abschließend. „Ach, glauben Sie mir…" konterte mein Arzt, „ich könnte jeden Ihrer Sätze wiedergeben."*

Datenbildung und Bildungsdaten

Egal ob bei naturwissenschaftlichen, medizinischen oder didaktischen Studien: Gemessen wird nicht nur in techniknahen Gebieten, sondern in fast allen Lebensbereichen zur Beantwortung von gesellschaftlichen, politischen, wissenschaftlichen und alltäglichen Fragen. Deshalb spielen Daten und deren Qualität auch in

---

[1] Die Kernspinresonanz ist das physikalische Phänomen, das der Magnetresonanztomografie (MRT) zugrunde liegt.

praktisch allen Lebens- und Wissensbereichen eine bedeutsame Rolle.

Da sich dieses Buch der *Datenbildung,* des informierten Umgangs mit Daten, widmet, lohnt sich auch ein kurzer Blick auf *Bildungsdaten,* also die Bedeutung von Daten in der Bildung. Denn dieses Buch basiert an einigen Stellen auf empirischen Studien mit Lernenden, da im Kontext des Vermittelns eines informierten Umgangs mit Daten auch Daten erhoben werden, um z. B. Lehrkonzepte auf deren Erfolg zu überprüfen, ähnlich wie ich das im obigen Beispiel meines Arztbesuchs angedeutet habe.

1765 schrieb der englisch-US-amerikanische Naturphilosoph und Theologe Joseph Priestley: „Bildung ist genauso eine Kunst (basierend, wie alle Künste, auf Wissenschaft) wie Landwirtschaft, wie Architektur oder Schiffsbau. In allen diesen Fällen stellt sich uns ein praktisches Problem, das mit der Hilfe von Daten, mit denen uns Erfahrung und Beobachtung ausstatten, gelöst werden muss.“[2] Bildung sollte demnach auch auf Daten beruhen, die aus systematischen Erfahrungen, Beobachtungen und Erhebungen stammen. Natürlich sollten diese Daten „belastbar“ sein, d. h. *objektiv* (die Daten werden nicht vom Messenden beeinträchtigt), *gültig* (die Daten passen zu dem, was gemessen werden sollte) und *zuverlässig* (die Daten können reproduziert werden).[3] Es ist meiner Ansicht nach beachtlich und vorausschauend, dass Priestley bereits vor sehr langer Zeit darauf hinwies, dass Bildung *auch* datengestützt entwickelt werden soll.

---

[2] Übersetzt vom Autor aus Rosenberg, D. (2013). Data before the Fact, in: L. Gitelman, "Raw Data" is an Oxymoron, Cambridge: MIT Press, S. 17. https://doi.org/10.7551/mitpress/9302.001.0001.

[3] Dieses Werk möchte diesem Anspruch folgen, indem für die dargestellten Inhalte und Aussagen Belege angegeben werden.

Nach diesem kurzen Ausflug über die Bedeutung von Daten in der Bildung richten wir das Augenmerk auf den grundlegenden Begriff *Daten*. In der Einleitung wurde bereits angemerkt, dass in diesem Buch bei naturwissenschaftlichen Themen ein eher enger Begriff von Daten im Sinne von Zahlenangaben aus Ergebnissen von Messungen und Prognosen verwendet wird. Dem steht ein umfassenderer Begriff von Daten bei gesellschaftlichen oder alltäglichen Themen gegenüber, da hier mitunter Daten vorliegen, die nicht unbedingt aus Messungen oder Rechnungen stammen. Der Übersicht halber soll deshalb kurz ein allgemeiner Blick auf den Begriff *Daten* geworfen werden.

Vielfalt der Datenwelt

Priestley benutzte bereits vor gut 250 Jahren das Wort *Daten* in seiner heutigen Bedeutung. Dabei war er natürlich nicht der Erste, der mit Daten gearbeitet hat. Daten werden mindestens seit 7500 v. Chr. erhoben und gespeichert, wie Funde von Tonobjekten im Nahen Osten zeigen.[4] So sollen im „alten" Ägypten bereits Bilanzen von Ernten in Form von Daten dokumentiert worden sein. Das Wort selbst taucht dann rund 300 v. Chr. in Euklids Buch *Dedomenai* (im Lateinischen *Daten*) auf, einer Abhandlung über die Geometrie. In dem Sinne, wie wir das Wort heute in seiner oft eher empirisch geprägten Begrifflichkeit verstehen, wird es etwa seit 1650[5] verwendet. Aber wie sieht dieses heutige Verständnis von Daten aus?

---

[4] Rendgen, S. (2018). What do we mean by „data"? https://idalab.de/what-do-we-mean-by-data/

[5] Rosenberg, D. (2013). Data before the Fact, in: L. Gitelman, "Raw Data" is an Osxymoron, Cambridge: MIT Press, S. 16, https://doi.org/10.7551/mitpress/9302.001.0001.

Die Datenwelt ist vielfältig: Videos, Bilder, Texte und Nutzerprofile sind in Form von Daten digital gespeichert. Das ganze Finanzwesen von den Preisen im Supermarkt über die eigene Lohnsteuerabrechnung bis hin zum Bundeshaushalt wird durch Daten beschrieben. Adress- und Nutzerdaten sind Ware, die Firmen untereinander verkaufen. Daten über das Wetter und über Termine werden ständig ausgetauscht. Große Mengen an Daten begegnen uns wie selbstverständlich im täglichen Leben.

Ganz allgemein bezeichnen Daten (Einzahl: Datum; aus dem Lateinischen für *das Gegebene*) die Art und Weise oder Form der Darstellung einer Information. Häufig wird eine numerische Darstellung von Daten durch Zahlen verwendet.

Daten können unter anderem sein:

1. direkte Resultate von Messungen, z. B. das Gewicht eines Pakets, die Helligkeit einer Lampe oder der Luftdruck auf dem Gipfel des Matterhorns,
2. Ergebnisse von Rechnungen, z. B. das Resultat der Umrechnung eines EUR-Geldbetrags in Norwegische Kronen, die Mietausgaben pro Quadratmeter oder der durchschnittliche Benzinverbrauch eines Autos in Liter pro 100 km Fahrstrecke,
3. Abschätzungen oder Prognosen, z. B. hinsichtlich der Weltbevölkerung, der Anzahl an Leserinnen und Lesern einer Webseite, der Bestimmung der Anzahl von Besucherinnen und Besuchern einer Veranstaltung oder die Vorhersage der morgigen Tageshöchsttemperatur,
4. Protokollierungen von Beobachtungen, z. B. die Beschreibung der Wolkenbedeckung des Himmels, des Verhaltens von Zootieren bei der Paarung oder die Analyse des Lichts aus fernen Galaxien.

Damit liefern sowohl empirische Erhebungen wie Tests und Messungen als auch auf theoretischen und experimentellen Überlegungen basierende Rechnungen wie Prognosen Ergebnisse in Form von Daten. Die Ergebnisse und die Unsicherheiten von Tests, Prognosen und insbesondere von Messungen spielen in diesem Buch eine besondere Rolle, da sie sich vielfach durch Zahlenwerte ausdrücken lassen und deshalb besonders gut für Analysen, Vergleiche und Bewertungen eignen.

Alltägliche Unsicherheiten

Abfahrts- und Ankunftszeiten, Lieferzeiten, Kursentwicklungen, Körper- und Gepäckgewicht, Gewichte von Back- und Kochzutaten, Wettervorhersagen, Blutdruck- und Blutbildwerte: Auch wenn wir es nicht immer direkt merken, Unsicherheiten in Daten begegnen uns fortlaufend im täglichen Leben. Beim Reisen fragen wir uns, wann genau wir wohl ankommen, und ob die Zug- oder Busabfahrten planmäßig oder verspätet sind. Beim Kauf von Produkten wie Obst und Gemüse im Supermarkt oder von Kraftstoff an der Zapfsäule ist es wichtig, dass ausreichend genau gemessen wird. Das Gleiche gilt auch für die Personenwaage zu Hause und für die Gepäckwaage am Flughafen. Unsicherheiten begegnen uns auch im Haushalt, z. B. wenn es heißt, eine Pflanze „gut" gießen: Wie viel Milliliter Wasser sind das? Und: Muss ich das überhaupt so genau wissen? Ähnlich ist es, wenn im Kochbuch eine Prise Salz für ein Gericht angegeben wird. Wie viel Gramm Salz sind das? Aber hilft mir der entsprechende Wert in Gramm beim Kochen überhaupt weiter? Schließlich werden wir in den Medien fortlaufend mit Daten konfrontiert, deren Qualität wir nicht abschätzen können. Wie gut ist die Wettervorhersage? Wie viele Personen haben an einer Demonstration teilgenommen? Wie stark ist das Bruttoinlandsprodukt

gestiegen? Wann wird ein Vulkan ausbrechen? Überall verbergen sich Unsicherheiten: in der Zeit, im Gewicht, im
Volumen, in der Temperatur, in der Anzahl …

Wann Unsicherheiten in Daten nicht wichtig sind

In diesem Buch geht es vorrangig um solche Unsicherheiten in Daten, die wichtig für die Beurteilung von
Ergebnissen sind. Natürlich ist das nicht immer der Fall.
In vielen Situationen kommen wir mit Unsicherheiten in
Daten ohne Weiteres gut klar. Wir können Erfahrungen
damit sammeln und diese somit – mehr oder weniger
bewusst – abschätzen und damit umgehen. Ich weiß in
etwa, wie viel eine Prise Salz ist und wie viel ich bei Verabredungen zu spät kommen darf. Ich gehe davon aus,
dass ein Sack mit der Aufschrift 1 kg Kartoffeln nicht
genau 1,000000000 kg Kartoffeln enthält, sondern eine
Masse irgendwo in der Nähe von 1 kg hat. In der Nähe
meint, dass die Unsicherheit der Mengenangabe vergleichsweise klein ist gegenüber der gesamten Menge,
sodass ich sie vernachlässigen kann. Etwas Ähnliches
gilt bei der Bestimmung der Schuhgröße (siehe Titelbild
des Buchs). Es genügt zu wissen, das diese z. B. bei etwa
41 liegt. Denn zum einen kann die Fußlänge selbst im
Laufe eines Tages etwas schwanken. Für Langstrecken-
läufe kaufe ich immer „zu große" Schuhe, da die Füße
etwas anschwellen. Zum anderen fallen Schuhe einer
Größenangabe unterschiedlich aus. Jeder kennt das, der
mal Schuhe einer Größe von unterschiedlichen Marken
anprobiert hat. Es ist also wenig sinnvoll, die eigene
Schuhgröße mit 41,129 anzugeben, 41 ± 1 reicht in der
Regel völlig aus. Etwas schwerer ist es, vorab abzuschätzen,
mit welchen Verspätungen – Unsicherheiten in der
Ankunft – ich beim Bahn- oder Autofahren rechnen muss.
Der Fahrplan der Bahn oder das Navi im Auto geben eindeutige Ankunftszeiten an, jedoch lehrt die Erfahrung,

dass das tatsächliche Eintreffen am Zielort deutlich später sein kann. Manchmal ist es sehr wichtig, diese möglichen Abweichungen vorher abzuschätzen. Schließlich können bei „Messungen" mit den Sinnen Unsicherheiten auftreten: Wann ist ein Musikinstrument – z. B. eine Gitarre – „richtig" gestimmt? Mein Höreindruck – die von mir tolerierte Spannweite der Töne – für eine richtig gestimmte Gitarrensaite ist vermutlich ein anderer als der von professionellen Musikerinnen und Musikern.

Es kann in all diesen Beispielen Unsicherheiten in den Daten geben, im Gewicht des Salzes, in der Größe eines Schuhs, in der Zeit der Ankunft beim Reisen, in der Frequenz des gehörten Tons eines Instruments usw. Diese sind für Laien jedoch nicht wirklich bedeutsam, solange die Suppe nicht versalzen schmeckt, ein Schuh vorher anprobiert werden kann, der Zug nicht bereits abgefahren ist oder die Töne nicht allzu schräg klingen. Wir müssen uns deshalb auch oft nicht darum kümmern. Letztlich ist das Kriterium zu entscheiden, ob Unsicherheiten berücksichtigt werden müssen oder nicht, die Abschätzung, welche Konsequenzen die Unsicherheiten nach sich ziehen würden. Beeinträchtigen uns diese nicht oder lassen sich diese vergleichsweise schnell verringern, dann schenken wir diesen keine große Aufmerksamkeit.

Unsicherheiten trotz guter Messungen
Wenn es so ist, dass beim Messen Unsicherheiten auftreten, dann liegt die Frage nah: Woher kommen diese Unsicherheiten eigentlich? Wir werden das in Kap. 7 noch genauer beantworten. Vorneweg möchte ich aber schon auf zwei Aspekte von Unsicherheiten hinweisen:

1. *Ein Messinstrument ist nur begrenzt genau.* Alle Messinstrumente sind in ihrer Genauigkeit begrenzt. Es gibt Kilometerzähler in Autos, die können Entfernungen

unter 100 m nicht präzise messen. Es ist also möglich, z. B. 50 m zu fahren, ohne dass sich bei den Zahlen am Kilometerzähler etwas geändert hat. Ein anderes Mal werden erneut 50 m zurückgelegt, und die Anzeige weist nun 100 m mehr aus. Weiterhin ist die Richtigkeit des Kilometerzählers eingeschränkt: Er zählt z. B. auf einer Strecke von 1000 km eine bestimmte Anzahl an Kilometern zu viel oder zu wenig. So hat jedes Messgerät seine Grenzen in der Genauigkeit.

2. *Der Wert schwankt bei wiederholter Messung.* Fahre ich mit dem Auto wiederholt die gleiche Strecke, also etwa von der Wohnung zur Arbeit, dann ergibt sich häufig, wenn die Stecke auf dem Kilometerzähler ablesen wird, ein etwas anderes Ergebnis. Die Reifen sind ja nicht haargenau auf dem gleichen Weg über den Boden gerollt, es gibt leichte Schwankungen, je nachdem, wie und wo gefahren wurde. Oder werden beispielsweise die Körpertemperatur oder der Blutdruck mehrmals direkt hintereinander mit demselben Gerät gemessen, so treten nicht selten jeweils Werte auf, die etwas unterschiedlich sind. Diese Unterschiede können durch kleine Veränderungen etwa des Messorts am Körper, der Umgebungstemperatur, der körperlichen Aktivität, der Emotionen oder der Handhabung des Messgeräts hervorgerufen worden sein. Unterschiedliche Messwerte bei wiederholten Messungen treten nicht selten auf. Die damit verbundenen Schwankungen verursachen eine Unsicherheit.

In den beiden Fällen (1) und (2) gilt, dass durch die Unsicherheiten auch andere Werte oberhalb bzw. unterhalb des gemessenen Wertes hätten herauskommen können bzw. herausgekommen sind. Auch wenn es ungewohnt klingt: Die unterschiedlichen Ergebnisse der Messungen sind alle gleichberechtigt und alle korrekt.

***

Bislang wurden die Begriffe Genauigkeit und Unsicherheit verwendet, ohne genau zu erläutern, was damit gemeint ist. Das wird im folgenden Kapitel am Beispiel von Messungen und Prognosen nachgeholt. Vor diesem Hintergrund werden dann verschiedene Beispiele aus Gesellschaft und Alltag aufgezeigt, in denen Unsicherheiten *nicht* oder nur sehr „schwammig" angegeben werden, obwohl eine konkrete Angabe vielleicht besser für das Verständnis von Ergebnissen wäre.

Zusammenfassung

- Daten spielen nicht nur in Naturwissenschaft und Technik eine Rolle, sondern werden in praktisch allen Lebensbereichen der Menschen gesammelt, ausgewertet und dienen als Grundlage des eigenen Handelns oder des Handelns anderer Personen.
- Daten sind eine Art und Weise, Informationen darzustellen. Sie können z. B. in Form von Zahlen ausgedrückt werden.
- Viele Daten aus Tests, Messungen und Prognosen sind mit Unsicherheiten verbunden, deren Kenntnis wichtig für die Analyse der Ergebnisse ist.
- Unsicherheiten treten auf, da zum einen Messgeräte nur eine begrenzte Güte haben und deshalb nicht beliebig genau sind. Zum anderen können Werte bei wiederholten Messungen schwanken. Diese Schwankungen führen zu einer Unsicherheit im gemessenen Ergebniswert.

3

Richtig, präzise und genau

Worin unterscheiden sich Unsicherheiten von Fehlern? Was ist eine Messung und was ist das Ziel einer Messung? Was ist Genauigkeit, Richtigkeit und Präzision? Wie werden absolute und relative Unsicherheiten bestimmt? Wo tauchen unbekannte, aber relevante Unsicherheiten auf?

Neulich, nach einem langen Kampf mit einem Onlineportal hatte ich endlich einen Termin in einem der Berliner Bürger-ämter ergattert. Es lag zwar weit von unserer Wohnung ent-fernt, aber ein neuer Pass ist schließlich kein Wunschkonzert. Die gebuchte Dienstleistung: ein neuer Reisepass für meinen Sohn. Gerüstet mit dem alten (inzwischen abgelaufenen) Pass, Geburtsurkunde, Einverständniserklärung meiner Frau, vier biometrischen Passbildern und einer amtlichen Vor-gangsnummer saß ich mit meinem Sohn im Wartebereich des Amtes. Gemeinsam starrten wir auf den Bildschirm mit den Wartenummern. Endlich erschien unsere Zahl auf dem Monitor und wir waren dem neuen Pass bereits ein gutes

© Der/die Autor(en), exklusiv lizenziert durch Springer-Verlag GmbH, DE, ein Teil von Springer Nature 2022
B. Priemer, *Unsicherheiten, aber sicher!*,
https://doi.org/10.1007/978-3-662-63990-0_3

Stück nähergekommen. Jetzt fehlte nur noch die Körpergröße. Das sollte für einen Physiker eigentlich eine Leichtigkeit sein und das Bürgeramt war vorausschauend mit einem von der Zimmerdecke herabhängenden Maßband ausgestattet. Nun sind Maßbänder eigentlich nicht schwer zu bedienen, aber sie haben oft – wie Zollstöcke – zwei Seiten, die beide mit einer Skala versehen sind. Außerdem hängen sie in der Regel nicht von der Zimmerdecke herab, sondern es wird vom Fuß bis zum Kopf gemessen. Ich las versehentlich das Maßband auf der falschen Seite ab und erhielt einen Wert von 104 cm. Nun, das kam mir auch etwas wenig vor für ein 11-jähriges Kind. Kopfschüttelnd zeigte mir der diensthabende Verwaltungsfachangestellte, wie man mit diesem Maßband richtig misst.

Lieber unsicher und genau als sicher und falsch

Wer hat eine ähnliche Situation beim Messen noch nicht erlebt? Ein Schrank, der erstaunlicherweise doch nicht in die Lücke passt, oder ein Bauteil in der Hand, das zu lang oder zu kurz ist. Mir war im Bürgeramt völlig klar, dass das merkwürdige Ergebnis nicht an der Unsicherheit meiner Messung gelegen hat, sondern an einem Fehler beim Messen. Um das zu unterscheiden, soll Folgendes vorangestellt werden:

> *Messunsicherheit* und *Messfehler* sind zwei verschiedene Dinge.

Im Gegensatz zu Unsicherheiten entstehen Fehler, wenn etwas falsch gemacht wird, z. B. wenn der Zwei-Meter-Zollstock (auch Gliedermaßstab genannt, da ja fast niemand mehr in Zoll misst) auf der falschen Seite abgelesen oder nicht korrekt ausgeklappt wurde (Abb. 3.1). Dann habe ich das Messinstrument falsch

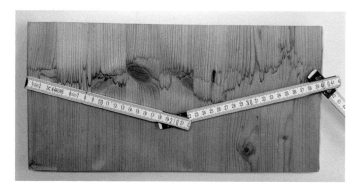

Abb. 3.1 Ein unvollständig ausgeklappter Zollstock: die Messung wird natürlich fehlerhaft

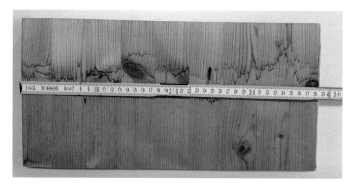

Abb. 3.2 Ein vollständig ausgeklappter Zollstock: Nun kann fehlerfrei gemessen werden, aber nicht ohne Unsicherheiten

bedient. Folglich erhalte ich auch ein fehlerhaftes Ergebnis. Fehler sind in der Regel vermeidbar, werden aber vielleicht erst später entdeckt. Ist das der Fall, kann der Fehler behoben werden (Abb. 3.2).

Lassen wir im Folgenden Fehler bei der Messung beiseite und betrachten also eine fehlerfreie, aber durchaus unsichere Messung.

Abb. 3.3 Zeitmessung bei einem 100 m-Lauf. Wie genau soll es sein?

Messungen sind nach dem Deutschen Institut für Normung (DIN) als „Ausführung von geplanten Tätigkeiten zum quantitativen Vergleich der Messgröße mit einer Einheit" definiert.[1]

Wie können Unsicherheiten für eine Messung im Vorhinein abgeschätzt werden? Stellen wir uns zur Beantwortung dieser grundsätzlichen Frage vor, wir möchten eine Zeit messen, also etwa die Zeit für einen 100-m-Lauf (Abb. 3.3). Der 100-m-Lauf ist beispielsweise Teil des Deutschen Sportabzeichens. Die Messgröße

---

[1] Deutsches Institut für Normung e. V.: https://www.din.de/de/mitwirken/normenausschuesse/natg/veroeffentlichungen/wdc-beuth:din21:2440447.

ist die Zeit, die Einheit die Sekunde. Dann stellen sich zunächst drei Fragen: 1) Was ist das Ziel unserer Messung und wie genau müssen wir dazu messen? Reicht uns zur Bestimmung der Laufzeit ein Ergebnis auf 1 Minute genau, oder muss es auf 1 s oder gar 1/10 Sekunde gemessen sein? Beim deutschen Sportabzeichen wird die Bewertung der Leistung auf 1/10 Sekunde vorgenommen. 2) Danach ist zu entscheiden, welches Messgerät wir wählen sollten, damit dieses Ziel erreicht werden kann: Die Uhr und der Auslösemechanismus müssen also gut genug sein. Reicht beispielsweise eine Handstoppuhr aus, um die Zeiten beim Sportabzeichen zu messen? 3) Schließlich müssen wir nach der Messung noch prüfen, ob die Unsicherheiten in den Ergebniswerten tatsächlich so sind, dass wir das Ziel unserer Messung erreicht haben. Konnten wir also wirklich mit unserem Messverfahren die Zeiten auf beispielsweise 1/10 Sekunde genau bestimmen? Wie groß war z. B. die Reaktionszeit der Person, die die Zeit gemessen hat, und welche Rolle spielt diese? Alle drei Fragen sind wichtig, denn nur so kann gut geplant gemessen und später die Leistung bewertet werden.

Was will ich eigentlich wissen? Ziele einer Messung
Galileo Galilei, ein italienischer Naturforscher, der von Mitte des 16. bis Mitte des 17. Jahrhunderts gelebt hat, wird nachgesagt, dass er in seinen Experimenten seinen eigenen Pulsschlag zur Zeitmessung verwendet hat. Das ist natürlich ungenau, was er selbst auch erkannt hat, denn er verwendete später Wasseruhren. Diese funktionieren nach dem gleichen Prinzip wie Sanduhren, nur dass Wasser langsam aus einer Engstelle in einem Gefäß tropft. Heute können wir Zeiten natürlich sehr viel genauer messen. Aber es bleibt immer eine, wenn auch noch so kleine, „Restungenauigkeit": Jede Messung ist immer mit Unsicherheiten verbunden. Egal, ob ich eine Zahnputz-

sanduhr oder eine Atomuhr verwende, es gibt Unsicherheiten. Diese können sehr groß oder auch sehr klein sein. Inwiefern diese Unsicherheiten aber wichtig sind, hängt vom Ziel der Messung ab.

Ist es unser Ziel, gesunde Zähne zu haben, dann sollten wir sie regelmäßig putzen. Wenn der Zahnarzt empfiehlt, sich drei Minuten lang nach jedem Essen die Zähne zu putzen, können Sie beruhigt auf die Verwendung einer Atomuhr verzichten: Eine Sanduhr oder eine Wanduhr mit Minutenzeiger reichen dazu völlig aus. Denn es kommt auf ein paar Sekunden hier nicht an. Meine Kinder möchten dagegen schon etwas präziser wissen, wann die drei Minuten vorbei sind. Schließlich möchten sie es nicht übertreiben und Gefahr laufen, etwa ¼ Minute zu lang zu putzen und damit auf Spielzeit zu verzichten. Noch sehr viel genauer als beim Zähneputzen meiner Kinder müssen Zeiten beim GPS gemessen werden. Die Position eines Empfängers wird aus Signallaufzeiten von mehreren Satelliten zum Empfänger bestimmt. Dabei bestimmen Zeitmessungen und deren Unsicherheiten wesentlich die Unsicherheit der Ortsbestimmung.

Das Ziel einer Messung ist es also, einen unbekannten Wert einer Größe mit einer bestimmten Unsicherheit zu bestimmen, z. B. meine Laufzeit für 100 m auf 0,1 Sekunde genau. Manchmal ist es ferner das Ziel, diese Zeit mit einem Referenzwert zu vergleichen, also z. B. der benötigten Laufzeit, um eine Urkunde bzw. das Sportabzeichen (oder eine Schulnote oder einen Weltrekord) zu erreichen. Ein solcher Vergleichswert kann auch die Laufzeit einer Konkurrentin oder eines Konkurrenten sein, die ich mit Sicherheit unterbieten will. Bei jedem dieser Ziele ist es wichtig, die Unsicherheit der Messung so zu wählen, dass ich möglichst sicher sein kann, meine Zeit genau genug gemessen zu haben, um stolz auf meine Laufzeit zu sein, die Urkunde verdient oder die Mitstreiterin bzw. den Mitstreiter hinter mir gelassen zu haben. Das heißt, dass das Ziel der Messung auch die Wahl des dafür geeigneten Messinstruments bestimmt. Mit anderen Worten: Ich lege am besten *vor* einer Messung fest, wie genau die Messung sein soll, und suche *danach* das passende Messinstrument mit der dafür ausreichend kleinen Unsicherheit. Im Alltag berücksichtigen wir dies oft, ohne nachzudenken: Niemand verwendet in der Küche beim Kochen eine Personenwaage, und niemand steigt auf eine Küchenwaage, um sein Körpergewicht zu bestimmen.

Welches Messgerät ist das richtige?
Wenn wir uns für ein bestimmtes Ziel der Messung entschieden haben, dann brauchen wir als nächstes ein gutes Messverfahren dafür. Gut heißt hier, dass die Qualität passend zum Ziel ist.

Die Qualität wird erstens davon bestimmt, welches Messgerät ich verwende. Vielfach stehen verschiedene Messgeräte wie z. B. Uhren zur Verfügung, die sehr unterschiedliche Qualität haben und bei denen sich Ergebnisse z. B. mit Minuten- oder Sekundenangaben ablesen lassen. Wir müssen uns also – erstens – je nach Ziel unserer Messung entscheiden, ob wir die Zeit für den 100 m-Lauf mit einer Sanduhr, einer Wanduhr, einer Stoppuhr oder einer Atomuhr messen. Weiterhin gehört zum Messverfahren – zweitens – auch die Frage, ob unsere Werte bei Messungen schwanken. Führen wir also wiederholte Messungen mit einem Messgerät durch, können wir prüfen, wie nah die einzelnen gemessenen Werte beieinander liegen. Wenn also eine vorgegebene Stecke von 100 m gelaufen wird und mehrere Personen gleichzeitig mit einem gleichen Uhrenmodell die Zeit stoppen, dann können wir die jeweils gemessenen Zeiten miteinander vergleichen und feststellen, wie nah die Ergebnisse beieinander liegen. Hierbei beeinflussen die verschiedenen Personen allerdings zusätzlich noch die Messung, da jeder Mensch eine andere Reaktionszeit hat. Schließlich gehört zum Messverfahren – drittens – auch, wie gut die Ergebnisse unseres Verfahrens mit einem Vergleichswert übereinstimmen. Wenn wir also unsere Ergebnisse für den 100-m-Lauf mit dem Ergebnis einer anderen vertrauenswürdigen Quelle, wie z. B. einer Messung mit einer professionellen Anlage in einem Sportstadion, vergleichen würden, dann ließen sich Unterschiede beziffern. Allerdings stehen nicht immer solche Vergleichswerte zur Verfügung.

All diese Gedanken führen zum Begriff der *Genauigkeit* von Messungen. Deshalb soll dieser Begriff etwas exakter, um nicht zu sagen *genauer,* festgelegt werden.

Genauigkeit setzt sich zusammen aus:

1. Präzision einer Messung: Diese gibt an, wie nah all meine Messwerte bei wiederholter Messung beieinander liegen. Im Beispiel der Zeitmessung heißt das: Wenn alle gemessenen Zeiten, die die verschiedenen Personen auf ihren Uhren abgelesen haben, nah beieinander liegen, dann wurde präzise gemessen. Eine Illustration mit Darts-Pfeilen (Abb. 3.4 a) kann verdeutlichen, was die Präzision beschreibt. Jeder Wurf eines Pfeils stehe für eine Messung. Wenn ich Darts-Pfeile werfe, die alle *dicht* beieinander *irgendwo* in die Zielscheibe treffen, dann ist das *präzise.*

2. Richtigkeit der Messung: Diese beschreibt, wie nah meine Messwerte an einem vorgegebenen Vergleichs- oder Zielwert liegen. Angenommen, mir liegt für meinen 100-m-Lauf eine Vergleichsmessung mit einer professionellen Zeitmessanlage im Sportstadion vor, der ich vertrauen kann. Dann gibt die Richtigkeit an, wie gut meine Messwerte um diesen Referenzwert herum

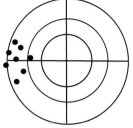

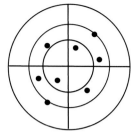

a) präzise, aber nicht richtig   **b)** richtig, aber nicht präzise

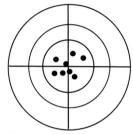

c) präzise und richtig, also genau

Abb. 3.4 Eine Zielscheibe und ein paar Pfeile können den Begriff *Genauigkeit* (bestehend aus *Präzision* und *Richtigkeit*) illustrieren. Ein Ergebnis ist dann *genau,* wenn es *richtig* und *präzise* ist

als Zentrum liegen. Wenn ich Darts-Pfeile werfe, die *alle um die Mitte der Zielscheibe herum verteilt* sind, aber *nicht unbedingt dicht* beieinander liegen müssen (Abb. 3.4 b), dann ist das *richtig.* Fehlt ein Referenzwert, dann kann nichts über die Richtigkeit ausgesagt werden.

Ein Ergebnis ist dann *genau,* wenn es richtig *und* präzise ist.

Bei einer genauen Messung (hohe Genauigkeit) stecken alle Darts-Pfeile dicht beieinander und in der Nähe der Mitte der Zielscheibe (Abb. 3.4 c). Ungenau tritt auf, wenn 1. präzise, aber nicht richtig gemessen wurde (Abb. 3.4 a), 2. richtig, aber nicht präzise gemessen wurde (Abb. 3.4 b) und 3. weder präzise noch richtig gemessen wurde. Die Fachbegriffe *genau*, *richtig* und *präzise* sind mit dieser Festlegung also nicht gleichbedeutend, anders als es auf den ersten Blick scheint und in der Alltagssprache der Fall sein kann.

Bin ich unsicher oder weiche ich ab?
Bevor illustrierende Beispiele und konkrete Anwendungen vorgestellt werden, soll zunächst noch erläutert werden, wie Präzision und Richtigkeit mit Messunsicherheit und Messabweichung zusammenhängen.

Bei einer Messung mit *mehreren Messwerten* wird die Präzision – also eine präzise bzw. unpräzise Messung – vielfach mit der *Messunsicherheit* in Verbindung gebracht und die Richtigkeit – eine richtige bzw. nicht richtige Messung – mit der *Messabweichung*. Damit spiegelt die Messunsicherheit die Größe der Schwankungen der einzelnen Messwerte untereinander unabhängig vom Referenzwert wider. Im Beispiel des 100-m-Laufs ist es also die Größe der Unterschiede zwischen den einzelnen Messwerten der Laufzeit mit den Stoppuhren. Die Messabweichung beschreibt den Abstand der ganzen Messwerte zusammengenommen zum Referenzwert. Das wäre also z. B. der Vergleich des Mittelwerts der per Hand aufgenommenen Messwerte für die Zeit gegenüber dem Ergebnis der professionellen Messanlage im Stadion. Einen solchen Referenzwert muss es allerdings nicht unbedingt geben. Denn vielfach werden auch Messungen ausgeführt oder Prognosen erstellt, für die der Zielwert gar nicht exakt bekannt ist: die Anzahl an Menschen auf der Erde oder die Stickstoffdioxidbelastung auf der Leipziger Straße.

Die „Messung" in Abb. 3.4 a hat nach dieser Auslegung eine kleine Unsicherheit und eine große Abweichung, in Abb. 3.4 b eine große Unsicherheit und eine kleine Abweichung und in Abb. 3.4 c schließlich eine kleine Unsicherheit und eine kleine Abweichung.

Die Begriffe Unsicherheit und Abweichung werden nicht nur bei Messungen mit mehreren Messwerten verwendet, sondern auch bei Messungen mit nur einem einzigen Messwert. Sie haben folgende allgemeine Bedeutung:[2]

Mit der *Unsicherheit einer Messung* (Messunsicherheit oder kurz Unsicherheit) wird eine Größe bezeichnet, die mit dem Ergebnis einer Messung verbunden ist und die die Variabilität der Werte, die sich bei einer Messung ergeben können, charakterisiert. Unter *Abweichung einer Messung* (Messabweichung oder kurz Abweichung) wird der Unterschied zwischen einem Messergebnis und einem Referenz- oder Vergleichswert bezeichnet.

Beide Begriffe – Unsicherheit und Abweichung – tauchen in diesem Buch immer wieder auf. Sie sind grundlegend für das Abschätzen und auch Berechnen, wie genau eine Messung oder Prognose ist. Unsicherheiten entstehen immer, wenn etwas gemessen wird. Die Messung wird also fehlerfrei durchgeführt, ist aber nicht beliebig genau durchführbar. Weil Unsicherheiten bei jeder Messung auftreten und eben keine Fehler sind, ist Unsicherheit in diesem Werk nie negativ gemeint.

Im alltäglichen Sprachgebrauch ist das oft anders. *Unsicherheit* ist oft negativ besetzt: Es ist unschön, sich

---

[2] Nach "Evaluation of measurement data – Guide to the expression of uncertainty in measurement" des "Joint Committee for Guides in Metrology": https://www.bipm.org/utils/common/documents/jcgm/JCGM_100_2008_E.pdf.

unsicher zu fühlen. Am liebsten möchte man Unsicherheiten gern vor anderen verbergen. Andersherum möchte
man sich gerne möglichst gut absichern, eine hohe Sicherheit genießen und kein Risiko eingehen. Aber es gibt
im Leben natürlich keine 100 %-ige Sicherheit. Genau
hier können wir von den Naturwissenschaften lernen.
Seriöse Quellen verstecken Unsicherheiten nicht, sondern
benennen und beurteilen diese explizit, wenn es relevant ist.

Messungen, Prognosen und Tests etwa von Umfrage-
instituten mit Meinungserhebungen, Ärztinnen und Ärzten
mit Diagnoseinstrumenten oder Wissenschaftlerinnen und
Wissenschaftlern mit Messgeräten haben Unsicherheiten.
Das ist nichts Schlechtes, sondern eher ein Zeichen von
Seriosität. Denn für das Messwesen gilt das Grundprinzip:

> Bei jeder Messung liegt eine Unsicherheit im Ergebniswert
> vor.

Das heißt, Unsicherheiten lassen sich zwar minimieren,
aber niemals auf null reduzieren. Das gilt in ähnlicher
Weise auch für Zählungen.

Auf Unsicherheiten zählen

Beim Auszählen – wenn ich z. B. die Anzahl an Gummibärchen in einer Tüte kennen möchte – ist das Zähl-
ergebnis eine ganze Zahl, die keine Unsicherheit hat. Das
klingt zunächst sehr genau. Aber der Zähl*vorgang* könnte
Unsicherheiten erzeugen. Wenn z. B. zwei Gummibärchen stark miteinander verklebt oder verschmolzen sind
oder deutlich zu große Gummibärchen in der Tüte sind,
stellt sich die Frage: Ist dieses Gummibärchen als eins
oder zwei zu zählen? Hier läge also in der Identifizierung
des zu zählenden Objektes eine Unsicherheit. Das mag
beim Auszählen *einer* Gummibärchentüte nicht auftreten,
könnte aber bei umfasserenden Zählungen mehrerer Tüten

eine Rolle spielen, wenn z. B. die mittlere Gummibär-
chenanzahl pro Tüte bestimmt werden soll. Des Weiteren
kann die Anzahl an Gummibärchen pro Tüte herstellungs-
bedingt schwanken. Hier stellt sich die Frage, wie typisch
das Ergebnis der Zählung einer Tüte für mehrere derartige
Zählungen einer ganzen Menge von Tüten ist.

Für meine beiden Kinder ist das hoch relevant, denn
sie vergleichen mit Zählungen sehr gern die Anzahl der
Gummibärchen, die in ihren kleinen Tüten enthalten sind,
um sicherzugehen, dass einer nicht mehr bekommen hat
als der andere. Aber zugegeben, bis auf solche Situationen
ist für uns die Zählung von Gummibärchen pro Tüte nicht
die drängendste Frage. Für den Hersteller jedoch schon,
da dieser genaue Angaben über die Menge und deren
Schwankung in seinen Produkten ausweisen muss.

Unsicherheiten und Abweichungen werden im
Folgenden quantitativ beschrieben. Das hat den Vorteil, dass mit Zahlen die Unsicherheiten besser und über-
sichtlicher angegeben, verglichen und bewertet werden
können. Dazu werden elementare Verfahren verwendet,
die keine mathematischen Kenntnisse erfordern, die über
die Grundrechenarten hinausgehen. Die notwendigen
Vereinfachungen werden im wissenschaftlichen Umfeld
so natürlich nicht verwendet. Insofern weichen die Ausführungen z. T. erheblich vom strengen wissenschaftlichen
Vorgehen ab. Diese Vereinfachungen sind aber für den Alltagsgebrauch völlig ausreichend, verdeutlichen die Grund-
ideen und haben den Vorteil, dass dafür keine komplexen
mathematischen Formulierungen notwendig sind.

Alles ist absolut und relativ – auch Unsicherheiten
Kehren wir zum Beispiel der Autofahrt von der Wohnung
zur Arbeit zurück. Wir könnten für die Fahrstrecke gemäß
unseren Messungen z. B. sagen: Die Strecke s beträgt
37,4 km mit einer Unsicherheit von 100 m = 0,1 km,

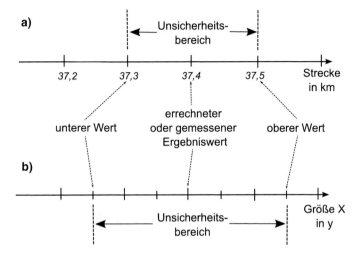

Abb. 3.5 a. Darstellung einer Unsicherheit von 0,1 km für einen Messwert von 37,4 km auf einem Zahlenstrahl durch einen Unsicherheitsbereich; b. Darstellung des allgemeinen Falls eines Ergebniswerts mit Unsicherheitsbereich

also kurz: s = 37,4 km ± 0,1 km. Dieser Sachverhalt lässt sich auch mit einer grafischen Darstellung illustrieren (Abb. 3.5 a). Derartige Abbildungen werden im nächsten Kapitel ausführlich dargestellt.

Ganz allgemein gilt:

> Der *errechnete oder gemessene Ergebniswert* kann mit ± Unsicherheit angegeben werden (Abb. 3.5 b). Der Zahlenbereich von Ergebniswert minus Unsicherheit (unterer Wert) bis Ergebniswert plus Unsicherheit (oberer Wert) wird *Unsicherheitsbereich* genannt.

Der gemessene oder berechnete Ergebniswert ist bei einer einzigen Messung der abgelesene Wert vom Messinstrument oder bei wiederholten Messungen z. B. der

Mittelwert.[3] Die angegebene Unsicherheit, im Beispiel
oben von 0,1 km, ist die sogenannte *absolute Unsicher-*
heit. Die Bezeichnung *absolut* wird hier verwendet, weil
der Wert der Unsicherheit als fester Zahlenwert mit der
gleichen Einheit wie die Messgröße direkt angegeben wird.
Möglich ist es auch, die sogenannte *relative Unsicherheit*
anzugeben.

> Die relative Unsicherheit ist der Quotient von
> absoluter Unsicherheit und Messwert, also:
> *relative Unsicherheit* $= \frac{absolute\ Unsicherheit}{Messwert}$.

In unserem Beispiel wäre die relative Unsicherheit
gleich $\frac{0,1 km}{37,4 km}$, also etwa 0,003, was 0,3 % entspricht. Die
Bestimmung der relativen Unsicherheit hat den Vor-
teil, dass sie die absolute Unsicherheit in Bezug zum
Messergebnis setzt. Das macht die Abschätzung der
Unsicherheit sehr übersichtlich. Absolute und relative
Unsicherheiten werden darüber hinaus auch benötigt, um
Folgen von Unsicherheiten - Welchen Einfluss haben diese
auf andere Größen, die davon abhängen? - abschätzen zu
können (siehe Kap. 9).

Vor dem Hintergrund, dass Unsicherheiten bei Prognosen
und Messungen immer existieren und dass diese oft
beziffert und explizit dargestellt werden können, werden im
Folgenden Beispiele für den Umgang mit Unsicherheiten
angeführt. Dabei geht es in diesem Kapitel zunächst um
Beispiele, in denen Unsicherheiten auftreten, aber oft *nicht*
explizit angegeben werden, obwohl sie relevant sind und
obwohl eine Angabe der Unsicherheiten durchaus möglich

---

[3] Zur Erinnerung: Das arithmetische Mittel (oft auch als Mittelwert bezeichnet,
obwohl der Begriff umfassender ist) wird berechnet, indem man alle Werte miteinander addiert und durch die Anzahl an Werten teilt.

wäre. Ich möchte damit aufzeigen, dass mit der expliziten Abschätzung von Unsicherheiten mehr Transparenz und bessere Voraussetzungen für Entscheidungen erreicht werden könnten. Im folgenden Kapitel werden dann Beispiele für bekannte Unsicherheitsbereiche erläutert.

Verborgene Unsicherheiten

Im Alltag begegnen uns ständig Messungen: beim Kochen und Backen, beim Tanken, bei der Einnahme von Medikamenten, auf dem Weg zu einem Termin, beim Stimmen von Musikinstrumenten, beim Wetterbericht, beim Messen des Blutdrucks und der Körpertemperatur usw. Auch Tests sind uns geläufig, etwa in der Medizin. Solche Tests sind nach DIN 1319 streng genommen keine Messungen, da sie keine quantitative Aussage über eine Messgröße durch Vergleich mit einer Einheit machen. Wir betrachten sie hier aber dennoch, da sie durch ein Klassifikationsverfahren (z. B. einen Test bezüglich einer Krankheit) ein eindeutiges Ja-oder-nein-Ergebnis über einen Zustand liefern. Dieses Ergebnis kann korrekt oder falsch sein[4], ist also auch mit Unsicherheiten verbunden. Schließlich beziehen wir auch noch Prognosen mit ein, die ebenfalls keine Messungen sind, sondern Vorhersagen von Ereignissen (z. B. Anzahl der Menschen auf der Erde in 20 Jahren oder meine Ankunftszeit bei einer Reise) treffen. Auch diese haben Unsicherheiten, die sich abschätzen lassen.

Wenn man nun bedenkt, dass jede Messung Unsicherheiten hat, jeder Test falsche Ergebnisse liefern kann und eine Prognose „daneben" liegen kann, dann können wir

---

[4] Hier kann zwischen folgenden vier Ausgängen eines Tests unterschieden werden: 1. Die Person ist krank und der Test ist positiv. 2. Die Person ist gesund und der Test ist negativ. 3. Die Person ist krank und der Test ist negativ. Es handelt sich also um ein falsch-negatives Ergebnis. 4. Die Person ist gesund und der Test ist positiv. Es handelt sich also um ein falsch-positives Ergebnis.

uns fragen: Weiß ich eigentlich, wie groß die Unsicherheiten sind? In einigen Situationen mag es keine große Rolle spielen. Aber manchmal eben doch.

Was Pünktlichkeit mit Unsicherheit zu tun hat

Zunächst ein „harmloses" Beispiel für Prognosen, für die wir in der Regel keine expliziten Unsicherheiten angeben, auch wenn wir eine gewisse Vorstellung davon haben. Wir können z. B. in privaten und beruflichen Situationen in Deutschland gewöhnlich ganz gut beurteilen, was es heißt, sich um 16:30 Uhr zu treffen (Abb. 3.6). Die strenge Auslegung, dass jeder zwischen 16:29 Uhr und 16:31 Uhr einzutreffen hat, ist eher selten. Im privaten Umfeld kann man sich fünf Minuten Verspätung in der Regel leisten, im Beruf gehört häufig ein Eintreffen fünf Minuten vor dem Termin zum „guten Ton".

Das kann je nach Kultur- und Gesellschaftskreis aber sehr anders sein: Die tolerierte Zeit, in die das Eintreffen einer Person zur Verabredung rund um eine bestimmte

Abb. 3.6 Warten am Treffpunkt. Wie lange wird es dauern, bis meine Verabredung erscheint?

Uhrzeit fallen darf, kann zwischen 5 und 60 min variieren. Diese unterschiedlichen Auffassungen, was als pünktlich gilt, können aus einem verschiedenen Umgang mit Zeit stammen, deren Nutzung im alltäglichen Leben weniger oder stärker durch momentane Bedürfnisse beeinflusst sein kann. Einigen südeuropäischen und südamerikanischen Kulturen sowie den Iren wird ein solches weniger strenges Zeitverständnis nachgesagt. Die daraus resultierende „Unpünktlichkeit" deutet auf veränderte Prioritäten oder zusätzlich hinzugekommene Aufgaben hin, beides sind alltägliche Situationen. Ein Normverstoß wird hier nur von Menschen gesehen, die in einer starr durchgeplanten Umgebung mit festgelegter Aufgabenerledigung leben, wie das in Deutschland vielfach der Fall ist. Das heißt, zu einem vereinbarten Zeitpunkt des Treffens werden in verschiedenen Kulturen unterschiedlich große Unsicherheitsbereiche rund um diesen Zeitpunkt gelegt. Regelkonform verhält sich, wer es schafft, zu einer Zeit im Unsicherheitsbereich einzutreffen. Wer es nicht schafft, muss mit Konsequenzen rechnen. Der Zug wird verpasst, die Bewerbung war erfolglos, oder irgendeine andere unangenehme Situation tritt ein. Auf Gennadi Iwanowitsch Gerassimow geht der inzwischen berühmt gewordene Satz „Wer zu spät kommt, den bestraft das Leben" zurück. Gerassimow war Michail Gorbatschows außenpolitischer Sprecher und fasste mit dieser Bemerkung auf einer Pressekonferenz das Treffen zwischen Gorbatschow und Honecker im Oktober 1989 zusammen. Wäre Erich Honecker zu diesem Zeitpunkt schon in Südamerika gewesen, wäre er vielleicht nicht zu spät dran gewesen, und die Geschichte Deutschlands wäre möglicherweise anders verlaufen…

Du schuldest mir ± 100 Mio. EUR
Manchmal haben wir noch nicht mal eine ungefähre Vorstellung von Unsicherheiten. Denn im ungünstigsten

Fall lassen sich Unsicherheiten leider nicht erkennen. Ich habe im Herbst 2020 beispielsweise im Internet die Höhe der Staatsverschuldung der Bundesrepublik Deutschland (genauer den Schuldenstand) recherchiert. Es ist ja nicht ganz unwichtig, wie hoch „unsere" Schulden sind und wie genau das beziffert werden kann. Wenn ich selbst Schulden aufnehme, ist es mir schließlich auch wichtig zu wissen, wie hoch diese genau sind. Da reicht mir eine Angabe von ± 1000 EUR nicht aus. Aber natürlich hinkt der Vergleich zwischen Staatshaushalts- und Privathaushaltsschulden etwas, da z. B. bei den internen Inlandsschulden die Gesellschaft Gläubiger und Schuldner zugleich ist und da der Staat bei steigenden Ausgaben seine Einnahmen zum Beispiel durch Steuern „zwangsweise" erhöhen kann.[9]

Dennoch ist es interessant zu wissen, wie präzise die Staatsschulden beziffert werden. Einige Ergebnisse der Recherche sind in Tab. 3.1 dargestellt.

Tab. 3.1 Vier verschiedene Angaben zur Staatsverschuldung der Bundesrepublik Deutschland (ermittelt im Herbst 2020)

Quelle	Verschuldung in EUR
Bund der Steuerzahler[5]	1.928.731.295.557
Smava[6]	2.063.516.075.436
Frankfurter Allgemeine Zeitung[7]	1.916.600.000.000
Deutsche Bundesbank[8]	2.060.000.000.000

[5] Bund der Steuerzahler Deutschland e. V.: https://www.steuerzahler.de.

[6] smava GmbH: https://www.smava.de/eurozone-schulden-uhr/ mit sich ständig verändernden Werten.

[7] Frankfurter Allgemeine Zeitung: https://www.faz.net.

[8] Deutsche Bundesbank: https://www.bundesbank.de/de/presse/pressenotizen/deutsche-staatsschulden-783598.

[9] Union der deutschen Akademien der Wissenschaften e. V. (Hrsg., 2015): Staatsschulden: Ursache, Wirkungen und Grenzen, https://www.leopoldina.org/uploads/tx_leopublication/3Akad_Bericht_Staatsschulden_2015.pdf.

Gibt es nun eine Unsicherheit in den einzelnen
Angaben, und wenn ja, wie groß ist diese? 1 EUR? Das
legen die ersten beiden Angaben nahe, da ja die Zahlen
auf 1 EUR genau angegeben sind. Oder 100 Mio.
EUR? Oder 10 Mrd.? Das legen die anderen beiden
Angaben nahe, da in diesen Größenordnungen die ersten
Ziffern auftreten, die nicht null sind. Denn manchmal
gilt die Konvention, dass an der kleinsten Zahlenstelle
ungleich null – also z. B. die 6 in 1.916.**6**00.000.000 –
die Unsicherheit erkannt werden kann: diese Zahl
kann dann um ± 1 schwanken, der Wert also zwischen
1.916.**5**00.000.000 und 1.916.**7**00.000.000 liegen. Ob
das auch für unsere Beispiele gilt, ist nicht klar, deshalb
bleibt fraglich, wie groß die Unsicherheiten in den einzelnen Zahlenangaben hier tatsächlich sind. Aber vielleicht
stammen die Zahlenangaben auch aus Zähl*ergebnissen*, die
gar keine Unsicherheiten haben, für die aber der Übersicht halber Rundungen vorgenommen wurden, da eine
detaillierte Angabe nicht relevant ist.

Spannend ist weiterhin an diesem Vergleich, wie die
Werte zwischen den einzelnen Quellen schwanken. Das
kann natürlich auch davon abhängen, wie der Zähl*prozess*
durchgeführt wurde, etwa was alles an Außenständen zur
Staatsverschuldung hinzugezählt wird und wann der genaue
Stichtag der Erhebung war. Letztlich ist eine vollständig
eindeutige Definition des Begriffs „Staatsverschuldung"
nicht möglich, da diese zweifels- und widerspruchsfrei bis
ins kleinste Detail (jede spezielle Anleihe) angeben müsste,
wie diese zu bestimmen ist. Das lässt sich hier – und wie
wir später auch an einem naturwissenschaftlichen Beispiel (in Kap. 5), der Länge des Äquators, sehen werden –
nicht durchführen und ist auch gar nicht nötig. Das heißt
aber auch, dass es bedingt durch eine Unsicherheit im
Begriff auch eine Unsicherheit in der Zählung gibt. Diese
Unsicherheit wird in keiner der Quellen oben angegeben.

Insgesamt zeigt das Beispiel, dass ein Urteil über die Datenqualität ohne Angaben von Unsicherheiten oder ohne weitere Hinweise zur Bestimmung der Werte und deren Variabilität praktisch nicht möglich ist – und das bei der doch recht relevanten Frage, wie hoch unsere Staatsverschuldung ist.

Sieben-Tage-Inzidenz

Während der Corona-Pandemie wurde die Öffentlichkeit mit einer Vielzahl an unterschiedlich komplexen Größen konfrontiert: Anzahl an infizierten Personen etwa in Berlin am 04.11.20:[10] 35.966, Inzidenzwert (Fälle der letzten sieben Tage pro 100.000 Einwohner): 182,5, Vier-Tage-R-Wert: 0,77 usw.

Es wurden Resultate von Zählungen angegeben, wie etwa die beim Robert Koch-Institut (RKI) eingegangenen positiven Fälle. Diese Zähl*ergebnisse* ergeben eine exakte Zahl ohne Unsicherheit. Allerdings kann der Zähl*vorgang* unsicher sein. Testergebnisse könnten auf dem Weg vom Meldepflichtigen über die Gesundheitsämter und Landesbehörden zum RKI verloren gehen, sie können gar nicht, zu spät, unterschiedlich oder unvollständig übertragen oder versehentlich doppelt gezählt werden. Diese ungewollten – aber bei den vielen Arbeitsschritten natürlich nicht völlig auszuschließenden – „Unregelmäßigkeiten" könnten prinzipiell durch Mehrfachprüfungen (erneutes Auszählen, wie das bei Wahlen gemacht wird) identifiziert und aufgedeckt werden. So ließe sich für Zählvorgänge in etwa abschätzen, ob z. B. mit Unsicherheiten in der Größenordnung von einer, zehn oder hundert Personen zu rechnen ist.

Das kann durchaus relevant sein, was ein kleines Zahlenbeispiel verdeutlichen soll: Das Landesuntersuchungsamt Rheinland-Pfalz erklärt auf einer Webseite[11] anhand eines Rechenbeispiels, wie die Sieben-Tage-Inzidenz bestimmt wird. Gibt es z. B. in sieben zurückliegenden Tagen 3.205

---

[10] Robert Koch-Institut: https://www.rki.de.

[11] Landesuntersuchungsamt des Landes Rheinland-Pfalz: https://lua.rlp.de/de/presse/detail/news/News/detail/corona-hinweise-zur-berechnung-der-7-tage-inzidenz/

neue Fälle auf 4.093.903 Einwohnerinnen bzw. Einwohner in Rheinland-Pfalz,[12] dann ergibt sich ein Wert für die Sieben-Tage-Inzidenz von 78,3, berechnet aus $\frac{3.205 \cdot 100.000}{4.093.903}$. Wie verändert sich der Wert, wenn wir eine Unsicherheit im Zählvorgang von z. B. 10 Fällen annehmen? Diesen Wert von 10 Fällen nehme ich als fiktive Größe an, um abzuschätzen, welche Sieben-Tages-Inzidenz herauskäme, wenn 10 Fälle mehr oder weniger gemeldet werden. Fiktiv ist der Wert deshalb, weil es mir trotz intensiver Suche nicht gelungen ist, eine realistische Abschätzung für diesen Wert zu finden.[13]

Bei 3.195 Fällen (10 weniger) ergibt sich 78,0, bei 3.215 (10 mehr) erhält man 78,5. Grob abgeschätzt können also 10 Fälle mehr oder weniger für eine Schwankung des Wertes der Sieben-Tage-Inzidenz im Bereich von 78,0 bis 78,5 sorgen. Das kann u. U. wichtig sein. Denn am 12.01.2021 erreichte die Sieben-Tage-Inzidenz in Berlin den Wert 199,9. Wie sicher ist diese Angabe? Schwankt dieser Wert um 0,1, um 1,0, um 2,0, oder um 10 wegen Unsicherheiten im Zählvorgang? Eine Kenntnis dieser Unsicherheit hätte durchaus relevant sein können, weil bei einem Wert von 200 die 15-km Regel (eine Einschränkung der Mobilität) in Kraft getreten wäre. Die Berliner hatten also Glück.

Überleben durch kleine Unsicherheiten

Im Winter kommt es immer wieder vor, dass Lawinen Menschenleben fordern. Wenn Menschen durch Lawinen verschüttet werden, dann zählt jede Minute bei der Rettung, denn die Überlebenswahrscheinlichkeit sinkt rapide mit der Verschüttungsdauer. Um vollständig mit Schnee bedeckte Lawinenopfer schnell finden zu können, wurden für die behelfsmäßige nicht-professionelle Bergrettung sogenannte

---

[12] Natürlich ist auch die Einwohnerzahl das Ergebnis einer Zählung zu einem bestimmten Zeitpunkt mit Unsicherheiten im Zählprozess. Weiterhin unterliegt die tatsächliche momentane Einwohnerzahl ständigen Schwankungen.

[13] Eine Anfrage hierzu beim RKI blieb leider unbeantwortet.

Lawinenverschütteten-Suchgeräte (LVS) entwickelt, die elektronische Sender und Empfänger enthalten. Jedes Gerät wird von allen Sportlerinnen und Sportlern zu Beginn einer Unternehmung eingeschaltet und direkt am Körper getragen. Es sendet dann ständig ein Signal aus. Im Fall einer Verschüttung sendet das Gerät des Opfers weiterhin, die Geräte der Retter werden auf Empfangen von Signalen anderer LVS umgestellt. Ist eine Person vom Schnee verschüttet, dann lässt sich ihre Position mit akustischen und optischen Signalen des Empfänger-LVS orten. Das klappt natürlich nur, wenn sich das Gerät tatsächlich am Körper der Verschütteten befindet und nicht in einem Rucksack verstaut wurde, der in einer Lawine verloren gehen kann. Bei der Grobsuche geht es zunächst darum, mit dem empfangenen Signal aus größerer Entfernung (rund 50 m) in die Nähe (rund 5 m) des Verschütteten zu gelangen. Bei dieser Funktion unterscheiden sich die verschiedenen auf dem Markt erhältlichen LVS deutlich in ihrer Genauigkeit im Bereich über 20 m.[14] Durch Unsicherheiten und Abweichungen bei der Messung und Auswertung des empfangenen Signals werden die Retter bei einigen Geräten durch die dann angezeigte Richtungsangabe zum Verschütteten zeitweise auf die falsche Fährte geführt. Natürlich spielt bei der Lawinensuche die Übung im Umgang mit einem LVS eine wichtige Rolle, aber ein Gerät mit genauer Ortung der Verunfallten hilft enorm, insbesondere in solchen Stresssituationen. Die Genauigkeit der Messung kann also überlebenswichtig sein. Übrigens: Keines der mir bekannten Geräte zeigt die Unsicherheit der Messung direkt an.

---

[14] Hellberg, F., Hummel, C. & Stoll, V. (2017). DAV Sicherheitsforschung: LVS-Geräte-Test 2017, Deutscher Alpenverein. https://www.alpenverein.de/ Bergsport/Sicherheit/LVS-Geraete-Test-2017-18/

Zu Risiken und Nebenwirkungen lesen Sie die Packungsbeilage…

Jeder kennt den Hinweis „Zu Risiken und Nebenwirkungen lesen Sie die Packungsbeilage und fragen Sie Ihren Arzt oder Apotheker" und jeder weiß, das Medikamente immer eine Packungsbeilage enthalten. Aber haben Sie den Abschnitt zu den Nebenwirkungen auch schon mal genau gelesen? Die Beipackzettel von Medikamenten geben konkrete und allgemein verständliche Hinweise über die Wirkungsweise und die Wahrscheinlichkeiten der oft genannten *Risiken und Nebenwirkungen.* Beispielsweise wird die Häufigkeit des Auftretens von Nebenwirkungen[15] klar angegeben, wie z. B. die Aussage „seltenes" Auftreten (Tab. 3.2). Bei einem „typischen" Schmerzmittel habe ich z. B. Ohrensausen als selten auftretend gefunden: Es kann bei bis zu 1 Person von 1000 Behandelten auftreten. Häufig sind hingegen Magen-Darm-Beschwerden.

Tab. 3.2 Beschreibung der Häufigkeiten von Nebenwirkungen bei Medikamenten. Die Aufschlüsselung zeigt sehr klar und deutlich, wie häufig Nebenwirken auftreten können

Angabe der Häufigkeit	*Beschreibung durch Fallzahlen*
Sehr häufig	kann mehr als 1 von 10 Behandelten betreffen
Häufig	kann bis zu 1 von 10 Behandelten betreffen
Gelegentlich	kann bis zu 1 von 100 Behandelten betreffen
Selten	kann bis zu 1 von 1000 Behandelten betreffen
Sehr selten	kann bis zu 1 von 100.000 Behandelten betreffen
Nicht bekannt	Häufigkeit auf Grundlage der verfügbaren Daten nicht abschätzbar

---

[15] Bundesinstitut für Arzneimittel und Medizinprodukte: https://www.bfarm.de/SharedDocs/FAQs/DE/Arzneimittel/pal/ja-ampal-faq.html.

Zeigt her eure Unsicherheiten

Fehlende Unsicherheitsangaben begegnen uns nicht selten, etwa bei der Messung einer Fitness-App. Es gibt Leute, denen ist es sehr wichtig zu wissen, welche Unsicherheiten die angezeigte Geh- oder Laufstrecke oder die berechneten „verbrannten Kalorien" haben. Eine Angabe dazu findet sich selten. Oder wenn ein medizinischer Test durchgeführt wird, der positiv ausfällt: Wie groß ist dann die Wahrscheinlichkeit, dass die getestete Person wirklich „krank" ist? Es ist sehr sicher nicht so, dass diese Person dann zweifelfrei „krank" ist. Denn die Wahrscheinlichkeit dafür hängt von der Güte des Tests (Wie viele falsch-positive Ergebnisse produziert dieser Test?) und der Verbreitung der Krankheit in der Bevölkerung ab.[16]

Es wäre meines Erachtens sehr hilfreich für die Öffentlichkeit zur Bewertung einer Situation, einer Maßnahme, einer Entscheidung oder eines Produkts, wenn Hersteller, Expertinnen und Experten sowie Verantwortliche die Unsicherheiten der Daten offenlegen würden, auf die sie sich stützen (für Beispiele siehe Infokästen „Sieben-Tage-Inzidenz" und „Zu Risiken und Nebenwirkungen lesen Sie die Packungsbeilage…").

***

Nach diesen Beispielen mit „versteckten" Unsicherheiten werden im nächsten Kapitel Beispiele genannt, bei denen die Unsicherheiten explizit angegeben sind. Nur unter dieser Voraussetzung ist es überhaupt möglich, Ergebnisse zu bewerten, zu vergleichen und zu „belastbaren" Folgerungen zu kommen. Dazu werden weitere grundlegende Begriffe eingeführt.

---

[16] Gigerenzer, G. (2013). Risiko: Wie man die richtigen Entscheidungen trifft, München: Bertelsmann. S. 221.

Zusammenfassung

- Jede Messung hat trotz völlig korrektem Vorgehen immer Unsicherheiten, die sich aus den verwendeten Messinstrumenten und aus möglichen Schwankungen bei Messwiederholungen ergeben. Fehler hingegen entstehen, wenn ein Messvorgang nicht korrekt durchgeführt wurde. Deshalb sind Fehler vermeidbar, wenn sie erkannt werden.
- *Messungen* sind nach DIN die „Ausführung von geplanten Tätigkeiten zum quantitativen Vergleich der Messgröße mit einer Einheit".[17] Das Ziel einer Messung legt fest, was mit einer Messung an Erkenntnis gewonnen werden soll und welche Unsicherheiten diese haben darf.
- Ein Ergebnis ist dann *genau,* wenn es richtig *und* präzise ist. *Richtigkeit* beschreibt, wie nah die Messwerte an einem vorgegebenen Vergleichs- oder Zielwert liegen. *Präzision* gibt an, wie nah alle Messwerte bei wiederholter Messung beieinander liegen.
- Die *absolute Unsicherheit* ist eine Angabe zur Variabilität von Ergebnissen, die dem *errechneten oder gemessenen Ergebniswert* zugeordnet wird, sodass das Ergebnis dann z. B. in der Form „errechneter oder gemessener Ergebniswert ± absolute Unsicherheit" ausgedrückt werden kann. Die *relative Unsicherheit* ist der Quotient von absoluter Unsicherheit und Mess- bzw. Ergebniswert.
- Tests, Messungen und Prognosen sind mit Unsicherheiten verbunden, die jedoch in einigen Fällen nicht explizit angegeben werden. Das macht es schwer bis unmöglich, Ergebnisse zu bewerten, zu vergleichen und zu „belastbaren" Folgerungen zu kommen.

[17] Deutsches Institut für Normung e. V.: https://www.din.de/de/mitwirken/normenausschuesse/natg/veroeffentlichungen/wdc-beuth:din21:2440447.

4

Von Verabredungen, Bevölkerungswachstum und Stickstoffdioxiden

Was sind errechnete, was gemessene Ergebniswerte? Was ist ein Unsicherheitsbereich? Welche Bedeutung haben Grenz- oder Referenzwerte? Was beschreibt Toleranz?

Jede halbe Minute ein Blick auf die Uhr, doch die Zeit vergeht nicht. Dabei habe ich im Moment viel davon übrig, mehr als fünfzehn Minuten. Erst dann soll ich in Raum KL 17–4 eine gute Vorstellung abgeben. Ich suche eine Toilette auf und wasche mir die Hände. Das vertreibt sicherlich drei Minuten. Sehr gut. Dann warten, etwas trödeln, durchatmen. Vielleicht schon mal am angegebenen Raum vorbeigehen? Während ich die ersten Sätze meiner Vorstellung zum hundertsten Mal im Kopf durchgehe, schlendere ich den Flur an Raum KL 14–3 vorbei. Noch drei Gänge weiter, dann muss die Abzweigung zu KL-17 kommen. Tut sie aber nicht. Verblüfft bleibe ich stehen. Die Zählung geht mit FO-1 weiter. Was? Wo ist KL-17? Ich gehe unauffällig wieder zurück. Kein Gang KL-17, auf KL-16 folgt FO-1. Das kann nicht sein. Jetzt

B. Priemer, *Unsicherheiten, aber sicher!*, https://doi.org/10.1007/978-3-662-63990-0_4

sind es plötzlich nur noch elf Minuten. Bin ich im falschen Gebäude? Falsche Etage? Ich spüre, wie mir heiß wird. Ich habe so viel Zeit vertrödelt und jetzt finde ich den Raum nicht. Noch zehn Minuten. Bevor ich etwas sagen kann, verschwindet ein älterer Herr hinter einer Tür. Chance verpasst. Die Zeit vergeht plötzlich rasend schnell. Ich will nicht zu spät sein. Soll ich dort anklopfen? Nach dem Raum fragen? Neun Minuten. Um nicht vor Verlegenheit im Gang herumzustehen, binde ich mir den Schuh zu, obwohl er gar nicht offen war. Während ich noch am Boden hocke, steht der ältere Herr plötzlich direkt vor mir. Nur noch acht Minuten. Ich erhebe mich wieder, stelle mich vor. Der Mann ist erleichtert: „Gut, dass ich Sie hier treffe. Hab' Sie schon gesucht. Wir hatten Ihnen leider eine falsche Raumnummer gegeben. Kommen Sie am besten gleich mit." Als wir kurz darauf KL 16–4 erreichen, sind noch sieben Minuten übrig. Sieben Minuten, das ist sehr lange, wenn man auf seinen Auftritt wartet. Ich kenne hier niemanden. Ich warte. Jede halbe Minute ein Blick auf die Uhr, doch die Zeit vergeht nicht. Dabei habe ich im Moment viel davon übrig, mehr als fünf Minuten.

Zeitplanung mit Unsicherheiten

So erging es mir bei einem Bewerbungsgespräch an einer großen Universität. Können Sie sich auch an eine ähnliche Situation erinnern, als Sie zu einem solchen Treffen eingeladen wurden und die Wartezeit mal langsam und mal schnell verging und Sie sich wünschten, lieber eher oder lieber später dagewesen zu sein?

Dieses Beispiel einer unsicheren Zeitplanung im Alltag – das praktisch jeder schon mal auf die eine oder andere Weise erlebt hat – ist geeignet, verschiedene zentrale Begriffe des Umgangs mit Unsicherheiten zu verdeutlichen. Deshalb folgendes kleines Gedankenexperiment: Stellen Sie sich vor, Sie müssen zu einem sehr wichtigen Termin an einem bestimmten Tag um

15:00 Uhr – ein Bewerbungsgespräch, ein Gespräch mit dem Chef oder der Chefin, eine Prüfung, ein Date, ein Mittagessen mit der Großtante, was auch immer. Und die Fahrt dorthin dauert rund zweieinhalb Stunden. Wann fahren Sie von zu Hause los?

Viele Leute legen in einer solchen Situation vorher fest, zu welcher Uhrzeit sie am liebsten am Ziel sein möchten, z. B. um 14:40 Uhr, um sich noch „zu sammeln", sich frisch zu machen, auf den Spickzettel zu sehen und einen Schluck Wasser zu trinken. Sie planen, wann sie aller-spätestens da sein wollen, z. B. um 14:50 Uhr, um den richtigen Raum zu finden und nochmal „durchzuatmen" und das Hemd zurechtzurücken. Sie überlegen sich vielleicht auch, wann Sie frühestens ankommen wollen, z. B. um 14.10 Uhr, damit die quälende Wartezeit vor Ort nicht zu lang wird, und weil Sie sonst beim Warten in der guten Kleidung zu schnell frieren.

Wenn Sie zu den Personen zählen, die solche Über-legungen anstellen, dann haben Sie sich bereits mit Unsicherheiten in Prognosen befasst. Sie wissen, dass sich die Fahrzeit zum Zielort nicht ganz genau vorhersagen lässt und somit Unsicherheiten hat. Sie kennen den von außen festgesetzten *Grenz- oder Referenzwert*, den Termin-beginn um 15:00 Uhr (Abb. 4.1). Sie setzen eine abgeschätzte oder berechnete Ankunftszeit fest *(errechneter Ergebniswert)*, 14:40 Uhr, und legen einen Zeitbereich *(Unsicherheitsbereich)* fest, in dem die Ankunftszeit liegen soll: von frühestens 14:10 Uhr *(unterer Wert)* bis spätestens 14:50 Uhr *(oberer Wert)*. Dieser Umgang mit Unsicher-heiten macht den Prozess, beim Treffen pünktlich zu sein, gut planbar. Letztlich ist es ein Mittel, die Qualität einer Prognose – das Eintreffen am Zielort – abzuschätzen.

Diese Beschreibung mit errechnetem oder gemessenem Ergebniswert, unterem und oberem Wert sowie einem Referenz- oder Grenzwert ist ein grundlegendes Verfahren,

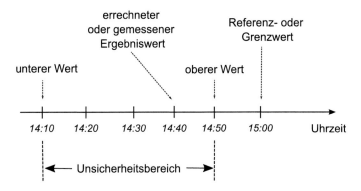

Abb. 4.1 Wann möchte ich vor Ort sein, um pünktlich zum Termin um 15:00 Uhr zu erscheinen? Grafische Darstellung des unteren und oberen Wertes, des errechneten oder gemessenen Ergebniswertes sowie eines Referenz- oder Grenzwertes auf einem Zahlenstrahl

das bei vielerlei Prognosen und Messungen angewendet werden kann. Zwei Beispiele sollen das im Folgenden verdeutlichen.

Bevölkerungswachstum der Erde

Die Modellrechnung der Vereinten Nationen[1] (Abb. 4.2) prognostiziert, dass im Jahr 2100 rund 10,9 Mrd. Menschen auf der Erde leben werden *(errechneter Ergebniswert)*. Diese Zahl kann nach unten bis 9,4 Mrd. *(unterer Wert)* oder nach oben bis 12,8 Mrd. Menschen *(oberer Wert)* abweichen *(Unsicherheitsbereich)*. Der Unsicherheitsbereich mit seinen Grenzen ist dabei so festlegt, dass

---

[1] Die Daten stammen von den United Nations, Department of Economic and Social Affairs: https://population.un.org/wpp/Graphs/DemographicProfiles/Line/900.

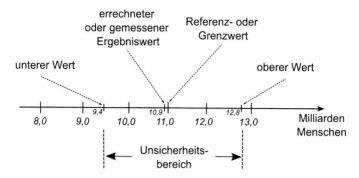

Abb. 4.2 Von den Vereinten Nationen prognostizierte Weltbevölkerung für das Jahr 2100. Grafische Darstellung des unteren und oberen Wertes, des errechneten Ergebniswertes sowie eines Referenz- oder Grenzwertes auf einem Zahlenstrahl. Eine solche Darstellung lässt sich für jedes Jahr anfertigen (siehe Abb. 4.3)

er eine relativ hohe Wahrscheinlichkeit hat, den Wert der Weltbevölkerung im Jahr 2100 zu enthalten. Ferner lässt sich ein *Grenzwert* erkennen (Abb. 4.3). Die Prognose der UN lautet nämlich, dass sich die Bevölkerungszahl auf der Erde bei einem Wert von rund 11 Mrd. Personen stabilisieren wird und nicht – wie vielfach angenommen – immer weiter exponentiell anwächst.[2] Natürlich hat auch dieser Wert eine Unsicherheit.

Ein wesentlicher Faktor, der die Entwicklung der Weltbevölkerung beeinflusst, ist die Anzahl der Kinder je Frau. Diese Anzahl hängt wiederum wesentlich vom Einkommen der Familien ab, das immer schwerer abzu-

---

[2] Das Bevölkerungswachstum ist sehr gut beschrieben in Rosling, H., Rosling Rönnlund, A. & Rosling, O. (2019). Factfullness: Wie wir lernen, die Welt so zu sehen, wie sie wirklich ist. Berlin: Ullstein.

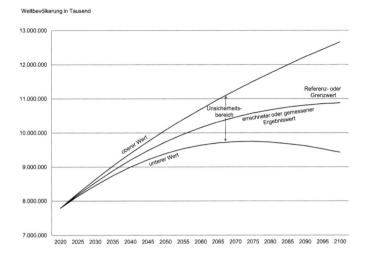

Abb. 4.3 Entwicklung der Weltbevölkerung bis zum Jahr 2100 nach Prognosen der Vereinten Nationen.[3] Die mittlere Linie zeigt den errechneten Ergebniswert, der „Schlauch" mit dem oberen und dem unteren Wert gibt den Unsicherheitsbereich an. Mit Blick in die Zukunft wird der Schlauch zunehmend breiter – die Unsicherheit steigt. Abb. 4.2 zeigt die Situation für das Jahr 2100

schätzen ist, je weiter der Blick in die Zukunft geht.[4] Die Unsicherheit der Prognose wird demnach größer, je weiter die Vorhersage in der Zukunft liegt. In Abb. 4.3 ist das daran zu erkennen, dass der Unsicherheitsbereich um den errechneten Ergebniswert der Weltbevölkerung („Schlauch" um die Linie) immer größer wird, je weiter in die Zukunft geschaut wird. In diesem Beispiel liegt der Grenzwert der maximal erwarteten Weltbevölkerung innerhalb des Unsicherheitsbereichs.

[3] United Nations, Department of Economic and Social Affairs: https://population.un.org/wpp/Graphs/DemographicProfiles/Line/900.

[4] Rosling, H., Rosling Rönnlund, A. & Rosling, O. (2019). Factfullness: Wie wir lernen, die Welt so zu sehen, wie sie wirklich ist. Berlin: Ullstein.

Es liegt was in der Luft: Stickstoffoxide

Schließlich können nicht nur Prognosen, sondern auch Messergebnisse auf die gleiche Weise dargestellt werden. Stickstoffoxide und Feinstaub gelten als Luftverschmutzer Nummer 1 des Straßenverkehrs, und deren hohe Anteile in der Luft sind die Ursache für Straßensperrungen für Dieselfahrzeuge. Um datenbasiert zu überprüfen, ob die Luftbelastung an bestimmten Orten zu hoch ist, Grenzwerte überschritten werden und Maßnahmen wie Straßensperrungen greifen, werden Messungen gemacht. Die Messstationen werden an bestimmten Stellen in einer Höhe von rund drei bis vier Metern am Straßenrand installiert (Abb. 1.2).

Die Stickstoffdioxidbelastung der Leipziger Straße in Berlin[5] zeigte z. B. in der Woche 03. bis 10.02.2021 bei den stündlichen Messungen einen minimalen Mittelwert von 4 µg/m^3 und einen maximalen Mittelwert von 85 µg/m^3. Die Einheit µg/m^3 bedeutet Millionstel Gramm in einem Luftvolumen von der Größe eines Würfels mit einer Kantenlänge von 1 m. Der Tagesverlauf der Stickstoffdioxidwerte zeigt, dass während des Berufsverkehrs gegen 9 Uhr und 17 Uhr die Werte hoch sind, nachts hingegen deutlich geringer. Zumindest ist nach diesen Messungen die Annahme naheliegend, dass der Straßenverkehr die Stickstoffdioxidwerte beeinflusst.

Um die Schadstoffbelastung zu unterschiedlichen Zeiten feststellen zu können, werden zunächst eignete Verfahren zu deren Erfassung zu einem Zeitpunkt benötigt. Stickstoffdioxidanteile in der Luft können mit Messgeräten unterschiedlicher Güte und Messverfahren erfasst

---

[5] Senatsverwaltung für Umwelt, Verkehr und Klimaschutz des Landes Berlin, Berliner Luftgütemessnetz: https://luftdaten.berlin.de/station/mc190?period=1 h&timespan=lastweek#station-data.

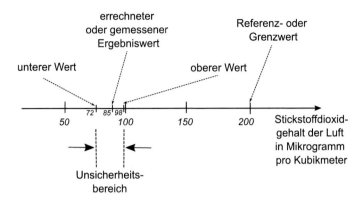

Abb. 4.4 Maximaler gemittelter Stickstoffdioxidanteil der Luft aus einer stündlichen Messung über eine Woche auf der Leipziger Straße in Berlin. Grafische Darstellung des unteren und oberen Wertes, des gemessenen Ergebniswertes sowie eines Referenz- oder Grenzwertes auf einem Zahlenstrahl

werden. Da es das perfekte Messgerät nicht gibt, werden auch verschiedene Angaben bezüglich der Unsicherheit der Messungen gemacht. Der Gesetzgeber schreibt vor, dass die Unsicherheit 15 % des Messwertes nicht überschreiten darf.[6] Demzufolge hat z. B. der maximale Wert von 85 µg/m^3 (*gemessener Ergebniswert*) eine Unsicherheit von 15 %, das sind rund 13 µg/m^3 (Abb. 4.4). Das heißt wiederum, dass der anzunehmende Wert zwischen 85 µg/m^3–13 µg/m^3 = 72 µg/m^3 (*unterer Wert*) und 85 µg/m^3 + 13 µg/m^3 = 98 µg/m^3 (*oberer Wert*) liegen kann (*Unsicherheitsbereich*).

Dieses Verfahren *einer* Messung kann dann wiederholt über einen Zeitraum angewendet werden. Europaweit gelten ein 1-Stunden-Mittelwert des Stickstoffdioxidgehalts

---

[6] Wissenschaftliche Dienste des Bundestags, Stationäre NOx -Messungen, AZ WD8-3000–047/17: https://www.bundestag.de/resource/blob/543806/8704e2 5eb7690dff66ef16a0949481fc/wd-8-047-17-pdf-data.pdf.

der Luft von 200 µg/m³ als Grenzwert, der nicht öfter als 18-mal in einem Jahr überschritten werden darf, sowie ein maximaler Jahresmittelwert von 40 µg/m³. Dieser soll dafür sorgen, dass die Gesundheit der Menschen nicht gefährdet wird. Die EU stützt sich dabei auf Empfehlungen der Weltgesundheitsorganisation (WHO) aus dem Jahr 2013.[7] Im September 2021 hat die WHO ihre Empfehlung für den Grenzwert auf 10 µg/m³ herabgesetzt[8], die EU ist dem bislang aber noch nicht gefolgt. Zumindest was die Stickstoffdioxidbelastung angeht, scheint die Leipziger Straße in Berlin an dem Mess-ort die gültigen Grenzwerte zurzeit nicht mehr zu über-schreiten. Die Jahresbelastung ist über die Jahre 2018, 2019 und 2020 (Jahr der Einführung des Dieselfahr-verbots) von 48 µg/m³ (± 8 µg/m³) über 40 µg/m³ (± 6 µg/m³) auf 28 µg/m³ (± 5 µg/m³) gesunken (unter der Annahme, dass die Unsicherheiten bei rund 15% des Mess-wertes liegen). Bei einem Grenzwert von 40 µg/m³ lag der 2020 gemessen Wert von 28 µg/m³ ± 5 µg/m³ deutlich darunter, selbst wenn man die obere Grenze des Unsicher-heitsbereichs mit einem Wert von 33 µg/m³ betrachtet. Die Frage, ob der Wert nur aufgrund des Fahrverbots gesunken ist oder ob der Verkehr in Berlin im von Corona geprägten Jahr 2020 allgemein geringer war, kann diese Messung natürlich nicht beantworten. Weiterhin sagt die Messung auch nichts darüber aus, wie die Belastung an anderen Standorten auf der Leipziger Straße ist und ob die Messung rund 3 m über dem Boden z. B. geeignet ist, die Gesund-

---

[7] Umweltbundesamt, Stickstoffdioxid-Belastung: Hintergrund zu EU-Grenz-werten für NO$_2$: https://www.umweltbundesamt.de/themen/stickstoffdioxid-belastung-hintergrund-zu-eu.
[8] Empfehlung der WHO für den Grenzwert des Stickstoffdioxidgehalts der Luft https://www.who.int/news-room/fact-sheets/detail/ambient-(outdoor)-air-quality-and-health

heitsbeeinträchtigungen von Menschen auf dem Gehweg abzuschätzen.

Allen drei sehr unterschiedlichen Beispielen – Verabredungen, Bevölkerungswachstum und Stickstoffdioxide – ist gemein, dass sie sich durch die gleichen Begriffe beschreiben lassen: Es gibt einen *errechneten oder gemessenen Ergebniswert* (die Ankunftszeit, die Anzahl an Menschen auf der Erde und der Stickstoffoxidgehalt der Luft), es gibt einen *Unsicherheitsbereich* (von einem *unteren Wert* bis zu einem *oberen Wert*), und es gibt eine *Referenz- oder Grenzwert* (Beginn des Termins, maximale Anzahl an Menschen auf der Erde und ein Grenzwert für Stickstoffdioxid).

Wie sicher ist unsicher?

Die beschriebenen Unsicherheitsbereiche können unterschiedliche Qualitäten besitzen. Oft ist es so, dass der Unsicherheitsbereich einer Messung oder Prognose nur eine bestimmte Wahrscheinlichkeit hat, den Zielwert – die Anzahl an Menschen auf der Erde im Jahr 2100 oder die Stickstoffoxidkonzentration auf der Leipziger Straße am Messgerät zu einem bestimmten Zeitpunkt – zu enthalten. Diese Wahrscheinlichkeit kann hoch sein, muss aber nicht bei 100 % liegen. In anderen Fällen jedoch sind die Grenzen des Unsicherheitsbereichs so festgesetzt, dass sie praktisch als absolute Grenzen gelten können. Der Zielwert liegt dann sicher im Unsicherheitsbereich. Das ist bei der Produktion bestimmter Bauteile für Maschinen der Fall, für die festgelegt wird, dass etwa deren Länge ein bestimmtes Maß weder über- noch unterschreiten darf. Ähnlich ist es auch bei Geschwindigkeitsmessungen im Straßenverkehr. Hier werden feste Grenzen (Maximal- und Minimalwerte) für die Geschwindigkeit angegeben, in die die gefahrene Geschwindigkeit praktisch mit Sicherheit

fällt. Derartige Maßbereiche, die Höchst- und Mindestwerte angeben, werden als *Maßtoleranzen* oder kurz als
Toleranzen bezeichnet.

Vertrauen ist gut – Kontrolle ist besser

Wenn wir ein Produkt – wie z. B. Lebensmittel – kaufen,
dann wollen wir natürlich auch so viel bekommen, wie auf
dem Etikett versprochen wird. Damit das sichergestellt
werden kann, gibt es Vorschriften für maximal erlaubte
Abweichungen. Ein Beispiel für solche Toleranzen sind
Grenzen für Minusabweichungen bei Füllmengen von
Produkten des täglichen Lebens, die dem Verbraucherschutz dienen. Beispielsweise beträgt der Inhalt einer
Flasche Öl 0,5 l und soll bzw. darf nur um maximal 3 %
nach unten abweichen (Abb. 4.5). Konkret bedeutet
das: In einer Flasche mit der Angabe 500 ml müssen
mindestens 485 ml enthalten sein. Dies ist die Voraussetzung dafür, dass das EWG-Zeichen – ein ℮ auf der

Abb. 4.5 Das EWG-Zeichen, ein kleines ℮ (oben rechts), für die
Abfüllung von Fertigprodukten und das Mindesthaltbarkeitsdatum 16.03.2021 (unten links) auf einem Etikett. Die Uhrzeit
19:43 Uhr gibt allerdings nicht das Ende der Mindesthaltbar-
keitszeit an, sondern dient als Code, um bei Reklamationen die
Produktcharge bestimmen zu können

Verpackung[9] – auf Lebensmitteletiketten vergeben wird. Schauen Sie mal auf die Etiketten von Lebensmitteln mit der Angabe von Füllmengen, ob Sie dieses Zeichen finden. Dann unterliegt die Abfüllung genau festgelegten Unsicherheiten in der Befüllung. Im Fall der abgebildeten Ölflasche mit diesem EWG-Zeichen darf laut Gesetz (gemäß EU-Verpackungsrichtlinie[10]) dieser Grenzwert von 485 ml maximal in 2 % der Flaschen des Herstellers unterschritten werden, keine Verpackung darf eine größere Minusabweichung als 6 % haben, also weniger als 470 ml enthalten.

Das Beispiel in Abb. 4.5 ist aus noch einem anderen Grund bemerkenswert: Dort, und auch auf manchen anderen Produkten, wird das Mindesthaltbarkeitsdatum scheinbar auf die Minute genau angegeben: Verdirbt mein Öl am 16.03.2021 um 19:43 Uhr? Wohl eher nicht, die angegebene Uhrzeit und der Code darunter (die sogenannte Los- oder Chargennummer) sind Angaben, die es möglich machen, bei Problemen mit dem Produkt eine gezielte Ursachenuntersuchung anzustrengen. Das Mindesthaltbarkeitsdatum ist übrigens der Zeitpunkt, bis zu dem ein Produkt bei angemessener Lagerung seine spezifischen Eigenschaften behält, wie etwa die Cremigkeit oder Stichfestigkeit eines Joghurts. Das heißt nicht, dass es dann sofort beginnt zu verderben.

***

---

[9] Das ℮ steht für die französischen Wörter *quantité estimée*, zu Deutsch veranschlagte Menge.

[10] Bundesgesetzblatt Online, Bürgerzugang: https://www.bgbl.de/xaver/bgbl/start.xav?startbk=Bundesanzeiger_BGBl&jumpTo=bgbl120s2504.pdf#__bgbl__%2F%2F%5B%40attr_id%3D%27bgbl120s2504.pdf%27%5D__1617691564015, Amt für Veröffentlichungen der Europäischen Union: https://eur-lex.europa.eu/eli/dir/1976/211/oj?locale=de.

Mit Unsicherheiten, Unsicherheitsbereichen, Abweichungen, Grenz- und Referenzwerten sowie Toleranzen haben wir eine gute Grundlage geschaffen, um mit Unsicherheiten umzugehen. Wir werden in Kap. 7 wieder direkt daran anknüpfen, jetzt in den nächsten Kapiteln aber erstmal etwas „verschnaufen". Mit dem bisherigen Wissen ist es nämlich spannend zu schauen, wie Menschen intuitiv sowie mit Faustregeln mit Daten und deren Unsicherheiten umgehen und welche Vorstellungen sie dazu haben. Wir tauchen also zunächst in eher psychologische und didaktische Gewässer ein.

Zusammenfassung

- *Errechnete oder gemessene Ergebniswerte* sind die Resultate von Prognosen (z. B. Anzahl an Menschen auf der Erde im Jahr 2100) und Messungen (z. B. Stickstoffdioxidanteil der Luft zu einem bestimmten Zeitpunkt), denen Unsicherheiten zugeordnet werden können.
- Der *Unsicherheitsbereich* ist der gesamte Bereich zwischen dem errechneten oder gemessenen Ergebniswert ± der absoluten Unsicherheit, also alle Zahlen zwischen dem unteren und dem oberen Wert.
- Häufig werden Ergebnisse von Messungen und Prognosen mit Grenz- oder Referenzwerten verglichen. Diese Werte können vorher festgelegt worden sein, aus anderen Messungen kommen oder aus Hochrechnungen stammen. Grenz- oder Referenzwerte können innerhalb oder außerhalb von Unsicherheitsbereichen liegen.
- Maßbereiche, die Höchst- und Mindestwerte angeben, in die alle gemessenen Werte fallen müssen, werden als *Maßtoleranzen* oder kurz als *Toleranzen* bezeichnet.

5

Verunsichert durch Unsicherheiten

Wie lässt sich mit Hilfe von Faustregeln mit Daten umgehen? Welche Vorstellungen haben Menschen von Messungen und Unsicherheiten? Gibt es den wahren Wert einer Größe?

Vor einigen Jahren entdeckte ich im belgischen Gent im Konferenzprogramm einer Tagung eine Ankündigung für einen Vortrag über Intuition in der Mathematik. „Was hat Intuition wohl mit Mathematik zu tun?", war mein erster Gedanke. Schließlich habe ich selbst Mathematik studiert und bin meiner Erinnerung nach dabei nie intuitiv vorgegangen. Der Vortrag und – etwas später – der Besuch eines mathematisch-naturwissenschaftlich nicht besonders geschulten Freundes haben mich vom Gegenteil überzeugt. Mit den Hausaufgaben seines Sohnes in der Hand legte er mir ein Problem vor, das mir bis dato unbekannt war: Fünf kleine Quadrate sollten mit einer Kantenlänge von 1 (ob in cm oder m gemessen, spielte keine Rolle) so in ein größeres Quadrat gelegt werden, das alle kleinen Quadrate darin voll-

© Der/die Autor(en), exklusiv lizenziert durch Springer-Verlag GmbH, DE, ein Teil von Springer Nature 2022
B. Priemer, *Unsicherheiten, aber sicher!,*
https://doi.org/10.1007/978-3-662-63990-0_5

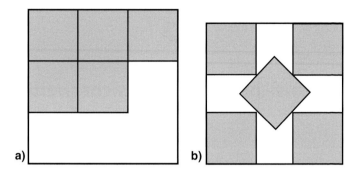

Abb. 5.1 Eine kleine „Knobelaufgabe": Wie groß muss die Kantenlänge eines großen Quadrats mindestens sein, das genau fünf kleine Quadrate der Kantenlänge 1 (grau eingefärbt) überdeckungsfrei enthält? a. Die „vorschnelle" falsche Lösung. b. Die korrekte Lösung

ständig Platz haben und sich dabei an keiner Stelle über-decken. Wie groß muss die Kantenlänge des großen Quadrats mindestens sein? Für meinen Freund war völlig klar, dass es 3 sein muss, denn in diesem Fall müssen ja drei Quadrate Seite an Seite nebeneinander liegen (Abb. 5.1 a). Mein erster Impuls war: „Das kann nicht stimmen." Ja, ich hatte das Gefühl – die Intuition –, dass diese Lösung nicht richtig sein kann. Um das zu beweisen, musste ich das Problem allerdings erst durchdenken. Meine Intuition hatte mich nicht getäuscht (Abb. 5.1 b)[1]: Es gibt eine Lösung mit einer Kantenlänge kleiner 3. Mit diesem Erlebnis wurde mir erstmals bewusst, dass es durchaus auch in der Mathematik und in den Natur-wissenschaften so etwas wie eine Intuition – also einen guten Riecher – geben kann. Mein Forschungsinteresse war geweckt.

---

[1] Die genaue Lösung lautet $2 + 1/\sqrt{2}$. Ich habe dieses Problem dann später gefunden in Risse, T. (2006). Zur Rolle der Intuition in der Mathematik-Aus-bildung, Global Journal of Engineering Education, 10 (3). http://www.wiete. com.au/journals/GJEE/Publish/Vol.10,No.3/Risse.pdf.

Intuitiv entscheiden

Um einen Eindruck davon zu bekommen, welche intuitiven Entscheidungen manche Personen beim Umgang mit Messdaten treffen, haben wir in einer kleinen nicht repräsentativen Studie[2] knapp 60 Studierende nicht-naturwissenschaftlicher Studiengänge befragt, welchen von zwei Datensätzen sie bevorzugen würden. Gegeben waren zwei verschiedene Messreihen von je sechs Messungen an *einem Gegenstand* (siehe die beiden Spalten in Tab. 5.1), dessen Dichte aber mit zwei verschiedenen Messmethoden A und B bestimmt wurde. Dichte ist das Verhältnis von Masse zu Volumen – aber das spielt hier keine Rolle. Wenn Sie sich nun allein auf Basis der Messdaten für eine Messmethode entscheiden müssten, die Ihrer Meinung nach die bessere ist, welche würden sie dann wählen? A oder B?

Es gibt hier zunächst kein richtig oder falsch. Jeder entscheidet sich aus anderen Gründen für eine der beiden Methoden, je nachdem, was unter „besser" verstanden wird. Oder es werden keine Unterschiede gesehen, und beide Methoden werden als gleich gut beurteilt.

Tab. 5.1 Zwei Datensätze basierend auf zwei verschiedenen Messmethoden A und B der gleichen Größe sollen verglichen werden. Welchen würden Sie, ohne die beiden Methoden zu kennen und allein auf Grundlage der Messdaten, bevorzugen?

Daten der Messmethode A Dichte in kg/m^3	Daten der Messmethode B Dichte in kg/m^3
343	375
339	319
365	293
346	350
357	398
350	365

---

[2] Schulz, J., Priemer, B. & Masnick, A. (2018). Students' preferences when choosing data sets with different characteristics. ICOTS 10, http://iase-web. org/icots/10/proceedings/pdfs/ICOTS10_3G2.pdf?1531364259.

Die meisten der Befragten wählten jedoch den Datensatz, in dem die einzelnen Messerergebnisse näher beieinander liegen – also die präzisere Messung –, im Beispiel von Tab. 5.1 also den linken Datensatz der Methode A. Diese Entscheidung wurde von vielen der Befragten eher intuitiv und ohne statistische Vorkenntnisse über Streumaße getroffen, die die Präzision mathematisch beschreiben. Streumaße sind Zahlenwerte, die die Größe der Schwankungen zwischen mehreren Messergebnissen angeben. Mit solchen Maßen lässt sich nachrechnen, dass die Schwankungen in der linken Datenreihe tatsächlich kleiner sind als die in der rechten Datenreihe. Werden geringere Schwankungen als Kriterium für ein besseres Messverfahren angenommen, dann würde dies auch auf mathematischem Weg zur Bevorzugung von Methode A führen.

Das zeigt, dass Laien – anders als im Beispiel mit den Quadraten – durchaus auch adäquate Entscheidungen treffen können, ohne genau zu wissen, warum.

Ohne viel Vorwissen richtig entscheiden

Das Beispiel mit den zwei Datenreihen (Tab. 5.1) hat gezeigt, dass einige Personen auch ohne umfassende Kenntnisse eine Vorstellung von Kriterien zur Bestimmung der Qualität von Daten bzw. Datensätzen haben. Sie geben an, dass eine größere Anzahl an Messwerten in der Regel besser ist als eine kleinere, dass mehr Nachkommastellen besser sind als wenige, dass weniger Schwankungen in den Daten besser sind als mehr und dass eine größere Anzahl an Wiederholungen gleicher Werte besser ist als eine kleinere.[3]

---

[3] Masnick, A. & Morris, B. (2008). Investigating the Development of Data Evaluation: The Role of Data Characteristics, Child Development, July/August 2008, 79 (4), pp. 1032–1048. https://doi.org/10.1111/j.1467-8624.2008.01174.x

Diese Kriterien lassen sich als Faustregeln verstehen, das heißt sie werden regelbasiert und automatisiert verwendet, um mit begrenztem Wissen in kurzer Zeit zu möglichst guten Ergebnissen zu kommen. Eine höhere Anzahl an Bewertungen von Produkten im Internet, die zu einer Durchschnittsbewertung führen, scheint zum Beispiel besser zu sein, als wenn nur wenige Bewertungen zum gleichen Durchschnitt führen. In diesem Fall machen einzelne Bewertungen, die z. B. besonders gut oder schlecht sind, nicht so viel aus. Allerdings muss beachtet werden, dass es durchaus auch systematische Beeinflussungen in diesen Bewertungen z. B. zugunsten bestimmter Produkte gibt. Die Teilnehmerinnen und Teilnehmer an den Bewertungen sind nicht unbedingt repräsentativ für die Kundschaft des Produktes. Des Weiteren scheint eine Uhr, die pro Jahr um 10 s von der „offiziellen Zeitansage" abweicht, besser zu sein als eine Uhr, die bereits nach einem Monat 10 s abweicht.

Die Strategie, nach diesen Faustregeln zu entscheiden, ist zunächst gut, denn viele Personen finden so ohne großes Vorwissen eine gute Lösung. Das ist gewissermaßen beruhigend, denn schließlich sind wir alle bei vielen Entscheidungen keine Expertinnen bzw. Experten.

Wenn Halbwissen täuscht

Problematisch wird es jedoch, wenn (1) diese Faustregeln in die Irre führen, wenn (2) mit „besseren" Daten nicht angemessen gearbeitet werden kann oder wenn (3) die Daten so dargestellt werden, dass sie uns täuschen. Dann treffen wir unter Umständen die falschen Entscheidungen. Die folgenden Beispiele illustrieren dies:

(1) *Wenn Faustregeln uns in die Irre führen können.* Die Ergebnisangabe auf einer digitalen Handstoppuhr (Abb. 5.2) von z. B. „3 h, 24 min und 12,23 s" kann zu dem (Fehl-)Schluss führen, die Zeit für einen

Abb. 5.2 Eine Stoppuhr mit vielen Ziffernangaben. Doch wie genau ist diese Uhr wirklich?

Marathonlauf sei auf 1/100 s genau gemessen worden, der Wert variiere also höchstens um 0,01 s. Die Faustregel, „Interpretiere alle auf einem Messgerät angegebenen Zahlen als bedeutsam." führt in diesem Fall zu einer falschen Einschätzung.

Zum einen geben einige handelsübliche Uhren zwar Zeiten mit zwei Nachkommastellen auf dem Display an – sie können aber gar nicht so präzise messen. Das heißt, die Unsicherheit entspricht hier *nicht* – wie angenommen werden könnte – einer Schwankung auf der letzten Stelle des angezeigten Wertes. Deshalb wäre im Beispiel der Stoppuhr 0,01 s auch *nicht* die Unsicherheit.

Zum anderen liegt die Reaktionszeit von Personen beim Bedienen solcher Uhren in der Regel bei ca. ½ s bis 1/3 s. Das heißt, dass eine Abweichung durch den menschlichen Einfluss – ohne dass hier ein Fehler gemacht wird – weiter zur Ungenauigkeit beiträgt.

Eine Handstoppuhr, die auf dem Display die Zeit auf 1/100 s genau angibt, bringt also in diesem Fall der Zeitnahme durch Unsicherheiten und Abweichungen nicht mehr als eine Uhr, die z. B. eine Zeitangabe mit 1/10 s hat. Mehr angegebene Nachkommastellen sind also nicht zwangsläufig besser – eher im Gegenteil: Sie täuschen möglicherweise eine höhere Genauigkeit des Ergebnisses vor, als anzunehmen ist.

(2) *Wenn mit den „besseren" Daten nicht angemessen gearbeitet werden kann.* Es müssen ausreichend Vorkenntnisse im Umgang mit präzisen Daten vorhanden sein, um aus diesen gut begründete Schlüsse zu ziehen. Die meisten von uns werden das schon mal erlebt haben: Wir werden mit Daten konfrontiert, deren tiefliegenden Sinn wir nicht ohne Weiteres erkennen, etwa die Ergebnisse eines Blutbilds mit Werten für Leukozyten (weiße Blutzellen), Thrombozyten (Blutplättchen) und Hämoglobinkonzentration (Konzentration des roten Blutfarbstoffs). Ohne zusätzliches Wissen über Referenzwerte bzw. Referenzbereiche lässt sich kaum eine verlässliche Aussage treffen, ob z. B. eine bestimmte Behandlung durchgeführt werden sollte oder nicht. Was aber machen Menschen in Situationen, in denen sie Entscheidungen treffen müssen, mit der Genauigkeit der vorliegenden Daten aber nicht angemessen umgehen können?

In einer Studie zu dieser Frage kamen Schülerinnen und Schüler, die Daten mit mehr Nachkommastellen hatten – also mit Daten „besserer" Qualität arbeiteten –, zu schlechteren Antworten auf physikalische Fragen als diejenigen, denen Daten mit weniger Nachkommastellen – also mit „schlechterer" Qualität – vorgelegt wurden.[4] Grund dafür war die mangelnde Fähigkeit, mit Schwankungen in Daten umzugehen, die bei mehr Nachkommastellen offensichtlicher werden. Diese mangelnden Fähigkeiten führten dazu, dass die Daten von den

[4] Kok, K., Priemer, B., Musold, W. & Masnick, A. (2019). Students' conclusions from measurement data: The more decimal places, the better? Physics Review Physics Education Research 15, 010.103. https://doi.org/10.1103/PhysRevPhysEducRes.15.010103.

Schülerinnen und Schülern bei Entscheidungen nicht herangezogen wurden, weil sie nicht wirklich etwas damit anfangen konnten.[5]

Infolgedessen wird in solchen und ähnlichen Situationen eher auf allgemeine Vorstellungen und Vorwissen zum Thema zurückgegriffen und nicht auf die Daten selbst. Das führt im Extremfall zum Ignorieren von Daten, weil diese nicht verstanden wurden und deshalb nicht bearbeitet werden konnten.[6] Das ist natürlich nicht per se ein schlechtes Vorgehen. Denn wenn ich Daten nicht verstehe und das auch erkenne (!), dann sollte ich nicht damit arbeiten und Schlüsse daraus ziehen. Es ist dann wichtig, sich darüber im Klaren zu sein, dass einer Entscheidung eben auch nicht diese Daten zugrunde lagen. Vielmehr wurde auf irgendwelches geprüftes oder ungeprüftes Wissen zurückgegriffen oder auf andere Menschen vertraut, die es besser wissen (sollten): Politikerinnen und Politiker oder Physikerinnen und Physikern. Mir ging es z. B. beim Abschluss meiner Hausratversicherung so. Der Versicherungsvertreter hatte mir einiges an Daten über Einbrüche und Vandalismus vorgelegt. Aber ehrlich gesagt hatten diese Informationen letztlich keinen Einfluss darauf, dass ich die Versicherung abgeschlossen habe. Bei der Entscheidung habe ich der Aussage einer Freundin vertraut, die sich vor einiger Zeit intensiv damit beschäftigt hatte.

(3) *Wenn die Daten so dargestellt werden, dass sie uns täuschen (sollen).* Ein weiteres Feld, das den Umgang von

---

[5] Kanari, Z. & Millar, R. (2004): Reasoning from Data: How Students Collect and Interpret Data in Science Investigations, Journal of Research in Science Teaching, 41 (7), pp. 748–769. https://doi.org/10.1002/tea.20020.

[6] Chinn, C. & Brewer, W. (1998). An Empirical Test of a Taxonomy of Responses to Anomalous Data in Science, Journal of Research in Science Teaching, 35 (6), pp. 623–654. https://doi.org/10.1002/(SICI)1098-2736(199808)35:6<623::AID-TEA3>3.0.CO;2-O.

Menschen mit Daten stark beeinflussen kann, ist die Darstellung von Daten durch Diagramme oder durch bestimmte Formulierungen.

Beide Darstellungen können kleine Effekte groß erscheinen lassen. Die Formulierung, dass die Anzahl der Schwangerschaften unter Minderjährigen in einem Land gegenüber dem letzten Jahr um 300 % gestiegen ist, klingt erschütternd. Sie drückt allerdings „nur" ein Verhältnis aus und erwähnt keine absoluten Zahlen. Die Formulierung, im letzten Jahr gab es 10 Schwangerschaften bei Minderjährigen, und in diesem sind des 30, bringt den gleichen Sachverhalt zum Ausdruck, klingt aber deutlich weniger dramatisch.[7] Es ist also transparenter, derartige Änderungen in absoluten Zahlen wiederzugeben und ggf. zusätzlich Relationen (prozentuale Änderungen) anzugeben, als auf Erstere zu verzichten – es sei denn, man ist auf „Skandale" aus.

Es gibt noch eine Reihe von weiteren Täuschungen durch Statistiken. Einige typische Tricks sind:

a *Eine selektive Auswahl der Daten wird vorgenommen.* Es werden nur die Daten dargestellt, die zu einer gewünschten Aussage passen, andere Daten bleiben unerwähnt. Zum Beispiel ist es möglich, den Anstieg der durchschnittlichen Temperatur der Atmosphäre der Erde minimal erscheinen zu lassen, indem nur die Daten der letzten vier Jahre verwendet werden. Aus diesen lässt sich nämlich nur schwer ein Verlaufstrend erkennen. Natürlich macht es keinen Sinn, so etwas wie den globalen Temperaturverlauf nur für vier Jahre rückblickend zu betrachten.

---

[7] Das Beispiel stammt aus Gigerenzer, G. (2013). Risiko: Wie man die richtigen Entscheidungen trifft, München: Bertelsmann.

b *Eine übertriebene Genauigkeit wird vorgetäuscht.* Es werden mehr Nachkommastellen angegeben, als die Unsicherheit der Messung zulässt. Ein Beispiel hierfür ist die Messung der Laufzeit für einen Marathon mit einer gewöhnlichen Stoppuhr mit Angabe von Hundertstelsekunden (vgl. das Beispiel oben). „Beeindruckend" ist auch die Angabe in meinem Mietvertrag, dass die Wohnfläche 135,18 m^2 beträgt. Hier wird suggeriert, dass das Ergebnis der Messungen insgesamt eine Unsicherheit von 1 cm^2 hat, das ist die Fläche eines Quadrats mit einer Seitenlänge von 1 cm. Das ist natürlich Unsinn.

c *Eine sehr eingeschränkte und speziell ausgewählte Skalierung der Daten wird verwendet.* Der Maßstab der Diagramme wird so eingeteilt, dass eine Änderung besonders groß oder klein erscheint. So lag etwa im Juli 2020 die Arbeitslosenzahl in Deutschland bei 2.910.000 und im August 2020 bei 2.955.000.[8] Diese beiden Zahlen kann ich in Diagrammen sehr unterschiedlich präsentieren (Abb. 5.3). Zum einen nehme ich für die vertikale Achse, die die Arbeitslosenzahl angibt, eine Einteilung von 0 bis 3.000.000. Der Unterschied der Arbeitslosenzahlen zwischen den beiden Monaten erscheint sehr klein (Abb. 5.3a). Zum anderen wähle ich eine Einteilung, die nur von 2.900.000 bis 3.000.000 geht. Nun sieht es wie ein deutlicher Anstieg aus (Abb. 5.3b). Obwohl ich an den Zahlen nichts geändert habe, entsteht allein durch die Darstellungsweise der Daten ein sehr unterschiedlicher Eindruck. Das wird nicht selten manipulativ genutzt. Sinnvoll ist eine Skalierung, die relevante Effekte (starke

---

[8] Daten stammen von der Bundesagentur für Arbeit: https://www.arbeitsagentur.de/news/arbeitsmarkt-2020.

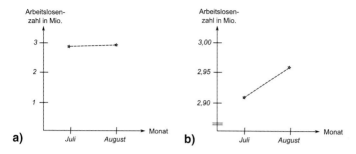

Abb. 5.3 Gleiche Datenpunkte auf Diagrammen mit unterschiedlichen Skalierungen. a. Hier scheinen die Arbeitslosenzahlen von Juli und August gleich zu sein. b. Die gleichen Daten erwecken nun den Eindruck, dass die Arbeitslosenzahlen von Juli im Vergleich zum August erheblich gestiegen sind

und schwache Entwicklungen der Arbeitslosenzahlen) gut erkennbar darstellt.

d *Änderungen in Bewertungs- oder Erhebungsverfahren, die zwischenzeitlich gemacht werden, sind nicht berücksichtigt.* Es ist nicht selten, dass Grenz- und Referenzwerte sowie Klassifikationen geändert werden, sodass sich Bewertungen und Zählungen allein aufgrund des neuen Verfahrens ändern. Ein Beispiel ist die Bewertung und entsprechende Kennzeichnung des Energieverbrauchs von Elektrogeräten nach deren Effizienz. Im Frühjahr 2021 wurde EU-weit für diese Produkte die Energieeffizienzskala mit den Bezeichnungen von A bis G neu gefasst. Wird diese Neufestlegung nicht berücksichtigt, dann führt das unter Umständen zu einer scheinbaren Zu- oder Abnahme von effizienten bzw. ineffizienten Geräten, ohne dass sich irgendetwas an den Produkten selbst geändert hätte. Denn die veränderten Grenzwerte führen dazu, dass bestimmte Geräte nun in andere Klassen fallen können.

Bei der Darstellung von Daten als Zahlen oder in Grafiken sollte also genau hingeschaut werden. Es gibt Fälle, in denen die Autorinnen und Autoren dieser Darstellungen klare Absichten bezüglich der Wirkung ihrer Daten haben. Diese sollen etwa bestimmte Folgerungen nahelegen oder gar die Leserinnen und Leser in die Irre führen. Auf Täuschungen durch Daten – denen wir durch unsere Intuition vielleicht unbewusst folgen – soll hier jedoch nicht weiter vertiefend eingegangen werden.[9] Vielmehr soll es im Folgenden um Vorstellungen über Messungen und Unsicherheiten gehen, die aus alltäglichen Erfahrungen und Erlebnissen stammen. Aber das bedeutet (leider) nicht, dass diese immer korrekt sind und zum erhofften Ziel führen.

20 km = 20 km?

„Das Ergebnis einer Messung ist eine einzige Zahl!" Viele Menschen stimmen dieser Vorstellung über das Messen zu. Diese Auffassung wird als sogenannte *Punktvorstellung* bezeichnet: Eine Messung wird durch einen einzigen Zahlenwert, einen Punkt auf dem Zahlenstrahl, dargestellt. Das ist für die Bestimmung einer Schrankbreite von z. B. 180 cm meist auch völlig korrekt und ausreichend, um diesen z. B. im Zimmer zu verschieben. Für dieses Ziel der Messung reicht eine einzige Zahl aus.

Es gibt aber auch Situationen, in denen dies nicht der Fall ist. Etwa wenn der Tank fast leer gefahren ist und sich bei mir als Fahrer das unschöne Gefühl einstellt, jederzeit „auf offener Strecke" liegenzubleiben zu können. Reservetreibstoff habe ich nicht dabei – schließlich zeigt mein Fahrzeug bei vollem Tank eine Reichweite von

---

[9] Näheres z. B. bei Krämer, W. (2015): So lügt man mit Statistik, Frankfurt am Main: Campus.

über 1000 km an. Da werde ich doch eine Tankstelle
finden. Bei meinem Auto wird die Reichweite auf Basis
des vorhandenen Treibstoffs im Tank in 10-km-Schritten
angegeben (Abb. 5.4), was nahelegt, dass die Anzeige
eine Unsicherheit von 10 km hat. Wenn also die Anzeige
20 km angibt, schaffe ich dann auf jeden Fall noch 18 km
zur nächsten Tankstelle? Da kann ich nicht sicher sein,
denn möglicherweise springt die Anzeige schon nach
3 km auf 10 km Reichweite. Die Angabe 20 km kann
also schlimmstenfalls 10 km Reichweite bedeuten, besten-
falls 30 km, oder anders durch das Unsicherheitsintervall
ausgedrückt: 20 km $\pm$ 10 km. Die Vorstellung von einem
Messergebnis (Anzeige der Reichweite) als Wertebereich
oder Intervall, die sogenannte *Mengenvorstellung*, bedeutet,
dass nicht nur der gemessene bzw. angegebene Zahlenwert
wichtig ist, sondern auch weitere Werte um diesen herum,

Abb. 5.4 Diese Tankanzeige berechnet eine Reichweite auf Basis
des vorhandenen Treibstoffs mit einer Unsicherheit von 10 km.
Bei den angegebenen 1010 km bin ich völlig entspannt. Was
aber, wenn 20 km angezeigt wird? Wie weit komme ich dann tatsächlich noch?

die ebenfalls als Ergebnis hätten resultieren können. Der gemessene Zahlenwert hat also eine Unsicherheit.

Zweimal dasselbe ist nicht das Gleiche

Eine verbreitete Vorstellung über Messprozesse bezieht sich auf die Wiederholung von Messungen und lautet: „Einmal Messen genügt, denn dann habe ich doch das Ergebnis, was will ich mehr?". Das ist in einigen Situationen völlig korrekt und ausreichend, z. B. wenn ich eine Schrankbreite ausmessen möchte. In anderen Situationen genügt das allerdings nicht, etwa wenn ich wissen möchte, wie schnell meine Reaktionszeit ist (Abb. 5.5). Wenn also z. B. das Ziel der Messung ist, die Zeit zu bestimmen, die ich in der Regel brauche, um auf ein Signal zu reagieren. Wie im Folgenden gezeigt wird, reicht es in diesem Fall nicht aus, nur ein einziges Mal zu messen.

Abb. 5.5 Wie Sie Ihre Reaktionszeit bestimmen können: Klicken Sie sofort nach Erscheinen der farbigen Fläche auf dem Bildschirm mit der Maus

Die Reaktionszeit lässt sich sehr einfach mit verschiedenen Tests im Internet bestimmen. Bei einem dieser
Tests erscheint auf dem Bildschirm plötzlich eine rote
Fläche. Ist das der Fall, so muss möglichst schnell mit der
Computermaus geklickt werden. Angezeigt wird dann
die Zeit zwischen dem Erscheinen der roten Fläche und
der Reaktion durch Klicken. Wenn Sie eine solchen Test
durchführen, merken Sie schnell, dass bei jedem Durch-
gang andere Ergebnisse für die Reaktionszeit herauskommen. Die Ergebnisse schwanken offensichtlich durch
Einflüsse wie die momentane Konzentration. Das heißt
aber, dass Sie mehrere Messungen nacheinander durchführen sollten, um sich ein aussagekräftiges Bild von Ihrer
Reaktionszeit zu machen.

Offensichtlich gibt es Fragen, für deren Beantwortung
eine wiederholte Messung sinnvoll oder notwendig ist.
Aber wie geht man dabei konkret vor? Zum wieder-
holtem Messen wurden von Kindern sehr unterschiedliche
Vorstellungen geäußert, die sich in acht verschiedenen
Niveaus klassifizieren lassen.[10] Manche dieser Vorstellungen werden vermutlich auch von erwachsenen
Laien geteilt, stellen aber u. U. ein unzureichendes Vorgehen dar. Deshalb werden im Folgenden für jede der acht
Vorstellungen (in der folgenden Aufzählung kursiv gesetzt)
anhand des Beispiels einer von mir durchgeführten
Messung der Reaktionszeit deren Vorzüge, insbesondere
aber deren Probleme aufgezeigt. Prüfen Sie für sich selbst,
welchen der Aussagen Sie zunächst zustimmen würden,
und ob die Kommentare zu den jeweiligen Aussagen Sie
von deren Problemen überzeugen konnten.

---

[10] Lubben, F. & Millar, R. (1996). Children's ideas about the reliability of
experimental data, International Journal of Science Education, 18:8, 955–968.
https://doi.org/10.1080/0950069960180807

1. *Einmal messen, und man erhält den richtigen Wert.* Ich habe den Wert 0,66 s für meine Reaktionszeit gemessen. Wenn ich weiß, dass erneute Messungen das Gleiche ergeben, dann reicht eine Messung völlig aus. Die Bestimmung der Breite eines Schranks mit dem Zollstock wäre ein Beispiel dafür. Bei der Reaktionszeit bin ich aber skeptisch und mache erneute Messungen. Das prüft, ob die Annahme, dass einmal Messen genügt, zutreffend ist.

2. *Einmal messen, und man erhält den richtigen Wert – Wiederholungen führen nur zu anderen Ergebnissen, die auch nicht besser sind.* Mein Ergebnis lautet 0,66 s. Wenn ich nochmal messen würde, kämen vielleicht weitere Messwerte wie 0,34 s und 0,67 s dabei heraus. Aber woher weiß ich, dass diese neuen Werte nicht besser sind? Bleibe ich nun einfach bei 0,66 s, dann würde ich zwei weitere potenzielle Messungen mit vermutlich anderen Ergebnissen völlig ignorieren. Es ist deshalb nicht überzeugend, nur den ersten Wert für richtig zu erklären.

3. *Mit guten Messverfahren sollte man ein paar Probe- messungen machen, und dann den richtigen Wert fest- legen.* Ich könnte demnach also 0,66 s, 0,34 s und 0,67 s als Probemessungen deklarieren und die dann folgende Messung von 0,42 s als richtigen Wert fest- legen. Aber dann würde ich wieder die Messungen vorher ignorieren und damit so tun, als seien diese falsch. Ich habe aber auch am Anfang nichts falsch gemacht. Dieses Vorgehen ist deshalb ebenfalls nicht überzeugend.

4. *Mit guten Messverfahren sollte man ein paar Probe- messungen machen und dann den Wert nehmen, der sich zuerst wiederholt.* Ich nehme also 0,66 s, 0,34 s, 0,67 s und 0,42 s als Probemessungen und führe dann solange weitere Messungen durch, bis sich ein

Wert wiederholt. Bei mir ergab sich: 0,38 s, 0,49 s, 0,41 s, 0,47 s, 0,55 s, 1,39 s, 0,59 s, 0,64 s und dann schließlich 0,49 s als erster sich wiederholender Wert. Soll dieser nun der richtige sein? Die 0,49 s scheinen eher zufällig als erste Wiederholung aufgetreten zu sein. Es hätten auch erstmal noch viele weitere „neue" Werte gemessen werden können, bevor irgendein anderer Wert als erste Wiederholung auftritt. Deshalb ist auch dieses Vorgehen nicht geeignet.

5. *Man sollte wiederholt messen und den Mittelwert nehmen – aber wenn man eine Messung genau wiederholt, dann kommt auch der gleiche Wert heraus – man sollte also die Messbedingungen jedes Mal etwas verändern.* Den Mittelwert kann ich leicht bestimmen, indem ich alle Messwerte addiere und durch die Anzahl der Werte teile. Das ergibt: 0,58 s. Dass beim genauen Wiederholen einer Messung das Gleiche herauskommt, scheint in meinem Beispiel schon mal nicht zu stimmen. Auch macht es keinen Sinn, die Messbedingungen zu verändern, etwa die Messung nun so durchzuführen, dass die Hände nicht auf der Computermaus liegen. Denn dann ist es ja klar, dass es länger dauert, als wenn die Hand bereits auf der Maus positioniert ist.

6. *Genaue Messungen führen nah an den richtigen Wert heran, aber man kann nie sicher sein, dass man ihn getroffen hat – deshalb sollte man den Mittelwert nehmen.* Ok, das habe ich gemacht und 0,58 s als Mittelwert bestimmt. Allerdings geht dabei die Information verloren, dass einige Werte doch ganz schön von diesem Mittelwert abweichen. Das kann wiederum ungünstig sein, denn in diesem Fall lässt sich nicht erkennen, wie groß die Unsicherheit dieses Mittelwertes ist.

7. *Man sollte den Mittelwert bestimmen und zusätzlich bestimmen, wie die einzelnen Messwerte vom Mittelwert abweichen.* Nun werden Schwankungen zwischen den gemessenen Werten berücksichtigt. Dazu kann ich z. B. bestimmen, welcher Wert am meisten nach unten (zu kürzeren Zeiten hin) vom Mittelwert abweicht. Das ist die Messung mit 0,34 s. Nach oben (zu längeren Zeiten hin) ist die größte Abweichung vom Mittelwert die Messung 1,39 s. Dabei habe ich alle vorliegenden Werte berücksichtigt. Allerdings kommt mir der eine Wert mit 1,39 s etwas komisch vor, weil dieser doch recht stark von allen anderen abweicht. Wie soll ich diesen behandeln?

8. *Man sollte zunächst herausfinden, ob es einzelne, sehr stark von den restlichen Messwerten abweichende Messwerte gibt – sogenannte Ausreißer. Wenn man weiß, dass diese Ausreißer auf einem fehlerhaften Vorgehen beruhen, kann man sie ausschließen und dann den Mittelwert sowie die Abweichung der Messwerte vom Mittelwert bestimmen.* Das löst das Problem mit dem Wert 1,39 s. Nach meiner Erinnerung ist dieser Wert gemessen worden, als auf dem Bildschirm gerade eine neue E-Mail in einem Minifester erschienen ist. Offensichtlich hat das meine Konzentration vom Test weggelenkt – eine ungewollte Änderung der Versuchsbedingungen. Entferne ich diesen Wert aus dem Datensatz, so zählen nur noch Werte, die unter gleichen Bedingungen erhoben wurden, und der neue Mittelwert ist 0,51 s. Die maximale Abweichung nach unten ist weiterhin der Wert 0,34 s, die maximale Abweichung nach oben ist nun der Wert 0,67 s. Ich habe also sehr stark vom Rest abweichende Werte begründet weggelassen sowie die Schwankung zwischen den Werten berücksichtigt. Das Ergebnis für meine Reaktionszeit könnte ich also angeben mit 0,51 s ± 0,17 s.

In diesen acht Niveaus zeigen sich sehr unterschiedliche Auffassungen, ob, warum und wie wiederholt gemessen werden sollte. Einige der angestellten Überlegungen, wie die Berechnung eines Mittelwertes und die Erfassung von Schwankungen, werden wir in Kap. 8 noch genauer betrachten. Denn Ziel dieses Buches ist es natürlich, Sie – dort wo es notwendig ist und dem Ziel der Messung entspricht – von einem Vorgehen auf dem höchsten Niveau zu überzeugen.

Gibt es ihn oder nicht? Die Geschichte vom wahren Wert

Zum Abschluss dieses Kapitels noch ein kleines Gedankenspiel zu der Frage: Existiert *der* Äquator (Abb. 5.6)?[11] Gemeint ist, ob es den *einen* einzigen korrekten Äquator gibt, wie er im Sprachgebrauch in der Regel verwendet wird. Diese einfach erscheinende, geradezu banale Frage kann auf den ersten Blick ganz klar mit *ja* beantwortet werden. Wir können sogar dessen Länge angeben: 40.075,017 km.[12] Zu bedenken ist hier aber zunächst, dass es zwei unterschiedliche Vorstellungen vom Äquator gibt. Zum einen die Sichtweise einer realen Größe, die den tatsächlichen Weg um den Erdball meint, der prinzipiell abgeschritten und gemessen werden kann, auch wenn natürlich keine Linie den Weg markiert. Zum anderen die Sichtweise einer gedachten oder *erdachten* Größe, die ihren Ursprung in einer mathematisch-geografischen Beschreibung der Erde hat. Für beide Vorstellungen kann die Frage lauten: Welche Länge hat der Äquator, wie sicher bzw. unsicher ist diese Länge, und

---

[11] In Anlehnung an Toulmin, S. (1998). Do submicroscopic entities exist?, in E. D. Klemke, R. Hollinger & D. W. Rudge (Hrsg.), Introductory Readings in the Philosophy of Science, Buffalo: Prometheus, S. 358.

[12] Daten von Wikipedia: https://de.wikipedia.org/wiki/Äquator.

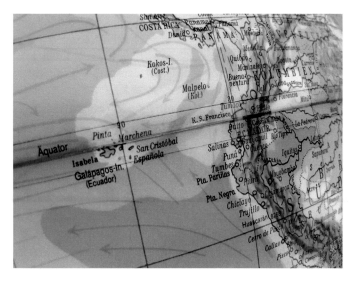

Abb. 5.6 Der Äquator der Erde. Gibt es einen wahren Wert für seine Länge?

wie gut stimmen die Längen der beiden Vorstellungen überein?

Im Folgenden wird begründet, dass weder die theoretisch erdachte Größe „Äquator" eindeutig festgelegt ist und damit einen einzigen *wahren Wert* besitzt, noch dass es eine Messung geben kann, die einen eindeutig sicheren Wert ergibt.

Aus theoretischen mathematischen und geografischen Überlegungen heraus lässt sich zunächst festlegen, was der Äquator ist. Eine oft verwendete Definition besagt, dass der Äquator ein Großkreis (größtmöglicher Kreis auf einer Kugeloberfläche) ist, auf dessen Ebene senkrecht die Drehachse der Erde steht. Dabei werden verschiedene Annahmen gemacht, z. B. dass die Erde eine Kugel ist und dass der Äquator einen festen Radius hat. Auf dieser Basis und unter Kenntnis der dafür notwendigen Größen

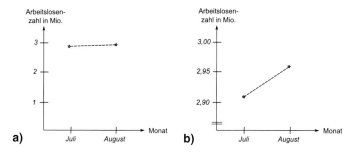

Abb. 5.3 Gleiche Datenpunkte auf Diagrammen mit unterschiedlichen Skalierungen. a. Hier scheinen die Arbeitslosenzahlen von Juli und August gleich zu sein. b. Die gleichen Daten erwecken nun den Eindruck, dass die Arbeitslosenzahlen von Juli im Vergleich zum August erheblich gestiegen sind

und schwache Entwicklungen der Arbeitslosenzahlen) gut erkennbar darstellt.

d *Änderungen in Bewertungs- oder Erhebungsverfahren, die zwischenzeitlich gemacht werden, sind nicht berücksichtigt.* Es ist nicht selten, dass Grenz- und Referenzwerte sowie Klassifikationen geändert werden, sodass sich Bewertungen und Zählungen allein aufgrund des neuen Verfahrens ändern. Ein Beispiel ist die Bewertung und entsprechende Kennzeichnung des Energieverbrauchs von Elektrogeräten nach deren Effizienz. Im Frühjahr 2021 wurde EU-weit für diese Produkte die Energieeffizienzskala mit den Bezeichnungen von A bis G neu gefasst. Wird diese Neufestlegung nicht berücksichtigt, dann führt das unter Umständen zu einer scheinbaren Zu- oder Abnahme von effizienten bzw. ineffizienten Geräten, ohne dass sich irgendetwas an den Produkten selbst geändert hätte. Denn die veränderten Grenzwerte führen dazu, dass bestimmte Geräte nun in andere Klassen fallen können.

Bei der Darstellung von Daten als Zahlen oder in Grafiken sollte also genau hingeschaut werden. Es gibt Fälle, in denen die Autorinnen und Autoren dieser Darstellungen klare Absichten bezüglich der Wirkung ihrer Daten haben. Diese sollen etwa bestimmte Folgerungen nahelegen oder gar die Leserinnen und Leser in die Irre führen. Auf Täuschungen durch Daten – denen wir durch unsere Intuition vielleicht unbewusst folgen – soll hier jedoch nicht weiter vertiefend eingegangen werden.[9] Vielmehr soll es im Folgenden um Vorstellungen über Messungen und Unsicherheiten gehen, die aus alltäglichen Erfahrungen und Erlebnissen stammen. Aber das bedeutet (leider) nicht, dass diese immer korrekt sind und zum erhofften Ziel führen.

20 km = 20 km?

„Das Ergebnis einer Messung ist eine einzige Zahl!" Viele Menschen stimmen dieser Vorstellung über das Messen zu. Diese Auffassung wird als sogenannte *Punktvorstellung* bezeichnet: Eine Messung wird durch einen einzigen Zahlenwert, einen Punkt auf dem Zahlenstrahl, dargestellt. Das ist für die Bestimmung einer Schrankbreite von z. B. 180 cm meist auch völlig korrekt und ausreichend, um diesen z. B. im Zimmer zu verschieben. Für dieses Ziel der Messung reicht eine einzige Zahl aus.

Es gibt aber auch Situationen, in denen dies nicht der Fall ist. Etwa wenn der Tank fast leer gefahren ist und sich bei mir als Fahrer das unschöne Gefühl einstellt, jederzeit „auf offener Strecke" liegenzubleiben zu können. Reservetreibstoff habe ich nicht dabei – schließlich zeigt mein Fahrzeug bei vollem Tank eine Reichweite von

---

[9] Näheres z. B. bei Krämer, W. (2015): So lügt man mit Statistik, Frankfurt am Main: Campus.

(wie z. B. dem Erdradius) lässt sich dann ein Wert für die Länge des Äquators berechnen (siehe oben). Dieses Ergebnis wird häufig als *wahrer Wert* des Äquators bezeichnet. Das ist aber etwas problematisch, denn die Definition des Äquators ist nicht vollständig, weil bestimmte Einflüsse darin nicht berücksichtigt wurden. So ist der Radius der Erde abhängig davon, ob von der Meeresspiegelhöhe ausgegangen wird, oder ob auch die Höhe von Landmassen berücksichtigt werden. Und selbst wenn die Meeresspiegelhöhe als Referenz genommen wird, so variiert diese auch, etwa in Abhängigkeit von Gezeiten, Wetter und Klima. Demzufolge kann es nicht den *einen* wahren Wert des Äquators geben: Der theoretisch angenommene Wert des Äquators hat eine Unsicherheit. Statt also vom *wahren Wert* der Größe „Äquator" zu sprechen – die impliziert, dass es nur einen einzigen Wert gibt –, ist es sinnvoller, von der Länge des Äquators unter der Annahme der vorliegenden speziellen Definition zu sprechen.

Andererseits ließe sich der Äquator auch auf der Erde abmessen, z. B. vereinfacht ausgedrückt durch Ablaufen mit einem Messgerät. Aber dabei lässt sich die Messung nicht immer genau nach der Definition des Äquators durchführen. So kann z. B. nicht so gemessen werden, dass die Strecke immer genau auf Meereshöhe erfasst wird, weil man ja schließlich auch „über Land" gehen muss. Es gibt also bekannte Abweichungen, die ggf. abgeschätzt und für das Ergebnis korrigiert werden können. So ließe sich bei der Messung in einer gewissen Höhe über dem Meeresspiegel abschätzen, um wie viel die gemessene Strecke zu lang wird. Diese Korrektur der Abweichung hat natürlich auch eine Unsicherheit. Weiterhin ergeben sich Unsicherheiten aus dem Messverfahren selbst, bedingt etwa durch die Güte der genutzten Messinstrumente. Damit ist das Ergebnis der realen Messung – mit Korrekturen wegen Abweichungen und der Bestimmung der Messunsicherheit – der *beste Schätzer* für den Äquator, so wie dieser zuvor theoretisch festgelegt wurde. Dieser Wert hat jedoch – wie alle Messungen – eine Unsicherheit. Durch immer genauere Messungen lassen sich Abweichungen und Unsicherheiten oft verringern. Eine Messung, deren Unsicherheit nah an der Unsicherheit des theoretischen Wertes des Äquators liegt, wäre eine bestmögliche Messung.

Die besten Vermessungen der Gestalt der Erde gelingen heutzutage durch Satelliten. Diese Messungen lassen sich mit einer im World Geodetic System 1984[13] international festgelegten mathematischen Definition der Erdform vergleichen. In diese geht z. B. ein, dass die Erde an den Polen etwas abgeplattet ist. Abweichungen zwischen der gemessenen physikalischen und der mathematisch bestimmten Gestalt der Erde können bis zu 100 m ausmachen. Damit sind die Unsicherheiten der Messungen deutlich kleiner als die Abweichungen zwischen Messung und Theorie.

Aus diesen Überlegungen kann also gefolgert werden, dass sowohl der theoretische Wert als auch der real gemessene Wert des Äquators Unsicherheiten besitzt. Die Annahme eines einzigen *wahren Wertes* für den Äquator – sowohl hinsichtlich dessen theoretischer Definition als auch hinsichtlich dessen realer Messung – ist nicht hilfreich. Sie trägt nicht viel zur Erkenntnis über die Natur bei, denn man kann mit und ohne einen wahren Wert die Definition und Messung der Länge des Äquators immer weiter verbessern. Deshalb ist für den Erkenntnisgewinn in den Naturwissenschaften die Frage, ob es einen wahren Wert gibt, nicht zentral. In der internationalen

---

[13] Wikipedia: https://de.wikipedia.org/wiki/World_Geodetic_System_1984.

„Wissenschaft des Messens", der sogenannten Metrologie (gemeint ist *nicht* Meteorologie, die „Wetterkunde"), wird der Begriff des wahren Wertes deshalb nicht mehr verwendet.[14]

Auch im Alltag ist der wahre Wert einer Größe nicht von Bedeutung. Denn was ist z. B. der wahre Wert der Körpergröße einer Person? Auch für die Körpergröße einer Person müsste eine klare eindeutige Festlegung erfolgen. Etwa, dass mit einem genau senkrecht angelegten Maßband gemessen wird, die Person immer stehend vermessen wird, dass immer morgens, immer vor dem Frühstück, immer an einer senkrechten Wand gerade stehend und ohne Socken gemessen wird usw. Aber auch diese Definition bliebe letztlich unvollständig, denn es ließen sich noch weitere Vorschriften erdenken, die mögliche Einflüsse auf das Messergebnis geringhalten sollen. Deshalb hat auch der theoretische Wert der Körpergröße eine Unsicherheit. In diesem Buch folgen wir der Auffassung, dass der Begriff des wahren Wertes für ein grundlegendes Verständnis von Unsicherheiten und Abweichungen nicht benötigt wird, und verzichten deshalb darauf.

***

Nachdem wir uns mit Vorstellungen von Laien über Daten und Unsicherheiten beschäftigt haben, wenden wir unser Augenmerk im nächsten Kapitel darauf, wie in den Wissenschaften mit Unsicherheiten umgegangen wird. Dabei werden wir sehen, dass die explizite Angabe von Unsicherheiten eine wichtige Voraussetzung

---

[14] Nach "Evaluation of measurement data – Guide to the expression of uncertainty in measurement" des "Joint Committee for Guides in Metrology": https://www.bipm.org/utils/common/documents/jcgm/JCGM_100_2008_E. pdf.

für den Erkenntnisgewinn ist. Aber auch mit diesen Informationen ist der Weg zu neuem Wissen unter Umständen „steinig". Es dauert manchmal lange, bis die Unsicherheiten klein genug für bestimmte Aussagen sind, oder es liegen schlicht noch nicht genügend Daten vor, um eindeutige Schlussfolgerungen ziehen zu können. Ferner – wenig überraschend, aber dennoch bedeutsam – sind Wissenschaftlerinnen und Wissenschaftler auch nur Menschen: Sie können Fehler machen und sich vom Wunsch (ver)leiten lassen, ganz bestimmte von ihnen „unbedingt" gewollte Ergebnisse zu erzielen.

Zusammenfassung

- Beim Umgang mit Daten treffen wir manchmal Entscheidungen auf Basis von Faustregeln: Eine größere Anzahl an Messwerten ist besser ist als eine kleinere, mehr Nachkommastellen sind besser als wenige, weniger Schwankungen in den Daten sind besser als mehr, und eine größere Anzahl an gleichen wiederholten Werten ist besser als eine kleinere. Diese Entscheidungen können durchaus richtig sein. Es gibt aber Situationen, da hilft uns unser intuitives Verständnis nicht weiter: Faustregeln können in die Irre führen, mit „besseren" Daten kann nicht angemessen gearbeitet werden, oder Daten werden so dargestellt, dass sie uns täuschen. Deshalb ist es ratsam, hier auf der Hut zu sein, um sich in wichtigen Angelegenheiten nicht täuschen zu lassen.
- Die *Punktvorstellung* besagt, dass eine Messung durch einen einzigen Zahlenwert, einen Punkt auf dem Zahlenstrahl, dargestellt werden kann. Die *Mengenvorstellung* bedeutet, dass nicht nur der gemessene bzw. angegebene Zahlenwert wichtig ist, sondern auch weitere Werte um diesen herum. Die Vorstellungen zum wiederholten Messen reichen von „Einmal messen, und man erhält den richtigen Wert." bis „Man sollte zunächst herausfinden, ob es einzelne, sehr stark von den restlichen Messwerten abweichende Messwerte gibt – sogenannte Ausreißer. Wenn man weiß, dass diese Ausreißer auf fehlerhaftem Vorgehen beruhen,

kann man sie ausschließen und dann den Mittelwert sowie die Abweichung der Messwerte vom Mittelwert bestimmen."

- Der häufig verwendete Begriff des *wahren Wertes* einer Messgröße hat eine Unsicherheit, denn jede Festlegung einer Größe enthält eine begrenzte Anzahl an Annahmen. Die daraus resultierende Unvollständigkeit führt dazu, dass es den *einen* wahren Wert nicht gibt. Der Begriff ist damit verzichtbar.

6

Wissen schafft Unsicherheiten

Warum werden Unsicherheiten in den Naturwissenschaften explizit angegeben? Welche Probleme können durch Ungenauigkeiten und durch ungenügende Daten entstehen? Wie macht sich die Fehlbarkeit von Wissenschaftlerinnen und Wissenschaftlern bemerkbar?

Eine Sonnenfinsternis (Sofi) ist ein sehr beeindruckendes Erlebnis. Zum Zeitpunkt einer totalen Sofi verdeckt der in etwa gleich groß erscheinende Mond die Sonne vollständig, sodass von der Sonne nur noch die Corona – eine Art ein Feuerkranz zu sehen ist. Jedem, der die Möglichkeit dazu hat, empfehle ich, eine Sofi zu beobachten – natürlich nur mit geeigneter Schutzbrille (Abb. 6.1). Ich erinnere mich noch sehr genau an den 11. August 1999. Ich war extra in die Nähe von Landau in der Pfalz gefahren, wo der Kernschatten des Mondes auf der Erde entlangziehen sollte. Das Wetter war wechselhaft und der Himmel zunächst von Wolken verdeckt. An anderen Orten in Deutschland regnete es sogar.

B. Priemer, *Unsicherheiten, aber sicher!*,
https://doi.org/10.1007/978-3-662-63990-0_6

Abb. 6.1   Eine Sonnenfinsternis ist spannend – vorausgesetzt, es wird eine geeignete Schutzbrille verwendet

Im entscheidenden Moment riss jedoch genau an meinem Standort die Wolkendecke auf, sodass die zunehmende Verdeckung der Sonne durch den Mond zwischenzeitlich immer wieder gut zu sehen war. Was für ein Moment, als die Sonne schließlich vollständig vom Mond verdeckt wurde, mitten am Tag war es dunkel, die Vögel hörten auf zu zwitschern und die Menschen fingen an, dem Mond zu applaudieren. Nach zwei oder drei Minuten war das beeindruckende Schauspiel wieder vorbei.

Revolution trotz Unsicherheiten

Eine Sonnenfinsternis war der Auslöser der Bestätigung einer bahnbrechenden Theorie. „Wissenschaftliche Revolution" lautete die Überschrift eines Artikels in der Londoner *Times* am 07.11.1919. Was war geschehen? Zwei wissenschaftliche Expeditionen unter der Leitung der Briten Arthur Stanley Eddington und Andrew Crommelin waren aus Principe (Demokratische Republik Sao Tome und Principe, ein Inselstaat rund 200 km westlich von Gabun) und Sobral (Brasilien) zurückgekehrt und hatten Ergebnisse von astronomischen Beobachtungen einer

Sonnenfinsternis mitgebracht.[1] Mit diesen Beobachtungen wollten die Wissenschaftler die Ablenkung von Licht durch große Massen, wie unsere Sonne, genau nachmessen (siehe Infokasten „Lichtablenkung"). Denn Albert Einstein hat in der Allgemeinen Relativitätstheorie einen Wert für diese Ablenkung vorhergesagt, der deutlich größer war als der, der sich aus Newtons Gravitationsgesetz ergibt.

Nach Auswertung der Daten sah Eddington die Allgemeine Relativitätstheorie als bestätigt an, entsprechend wurde dieser erste datengestützte „Beweis" gefeiert. Einstein schreibt: „Liebe Mutter! Heute eine freudige Nachricht. H. A. Lorentz hat mir telegraphiert, dass die englischen Expeditionen die Lichtablenkung an der Sonne wirklich bewiesen haben."

Später stellte sich jedoch heraus, dass die verwendeten Daten recht hohe Unsicherheiten aufwiesen und dass mit diesen Daten die eindeutige Bestätigung der Allgemeinen Relativitätstheorie nicht ohne Weiteres hätte gefolgert werden können. Denn die Expeditionen hatten mit zahlreichen Schwierigkeiten zu kämpfen, die sich erheblich auf die Genauigkeit der Daten ausgewirkt hatten. Die Principe-Expedition hatte z. B. unter schlechtem Wetter zu leiden, sodass nur zwei wirklich brauchbare Bilder der Sterne gemacht werden konnten. Bei der Sobral-Expedition traten große Temperaturschwankungen vor Ort auf, die die präzisen Einstellungen und Ausrichtungen der Teleskope störten. Kurzum, die Messungen hatten so große Unsicherheiten, dass der Unsicherheitsbereich auch eine Erklärung ohne Relativitätstheorie gestützt hätte.

Inzwischen ist es mehrfach experimentell gelungen, mit Sonnenfinsternissen (und auch auf anderen Wegen) zahl-

---

[1] Genaueres zur Eddington Expedition in Coles, P. (2001). Einstein, Eddington and the 1919 Eclipse. https://arxiv.org/abs/astro-ph/0102462v1.

reiche Belege für die Gültigkeit der Allgemeinen Relativitätstheorie zu finden. Die Eddington-Expedition zeigt aber zum einen, dass Wissenschaftlerinnen und Wissenschaftler genau auf Unsicherheiten achten müssen. Zum anderen ist bemerkenswert, dass die Ergebnisse der Expedition mit deren Unsicherheiten so dokumentiert wurden, dass andere sie auch später noch nachrechnen und bewerten konnten.

An diesem Beispiel wird deutlich, dass Messungen und deren Unsicherheiten wichtiger Ausgangspunkt von wissenschaftlicher Erkenntnis sein können, dass sie Transparenz schaffen und dass sie eine Diskussion über die Qualität der Ergebnisse und die daraus gezogenen Folgerungen erst möglich machen.

Lichtablenkung

Bei einer Sonnenfinsternis ist die Sonne durch den Mond verdeckt, und es wird so dunkel auf der Erde, dass Sterne gesehen werden können, die sich nahe der Blickrichtung der verdeckten Sonne befinden. Hält man nun den Standort dieser Sterne (z. B. durch ein Foto) fest (Abb. 6.2 b) und vergleicht diesen mit dem Standort der gleichen Sterne in der Nacht, wenn die Sonne nicht in der gleichen Richtung zu diesen Sternen steht, also das Licht von den Sternen zur Erde nicht durch ihre Anwesenheit in seiner Richtung beeinflussen kann (Abb. 6.2 a), dann sollte sich – so die Relativitätstheorie – ein bestimmter und gut messbarer Unterschied ergeben. Die Sternorte scheinen in unterschiedlichen Richtungen zu liegen, je nachdem, ob sich die Sonne nahe am Weg des Lichtes von den Sternen zur Erde befindet oder nicht (Abb. 6.2 c). Für diese Ablenkung hatte Albert Einstein in seiner Relativitätstheorie ganz konkrete Vorhersagen gemacht.

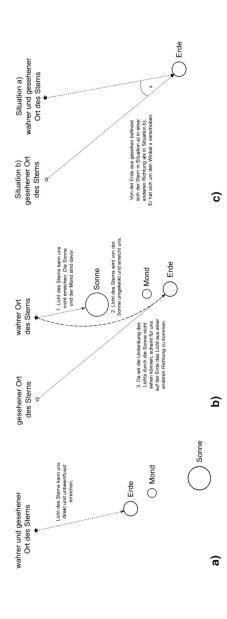

Abb. 6.2 Das Licht eines Sterns, das durch die Sonne abgelenkt wird. a) Licht fällt auf „direktem" Weg vom Stern zu uns auf die Erde; b) Während einer Sonnenfinsternis erreicht uns kein Licht auf „direktem" Weg vom Stern; allerdings wird Licht, das zunächst nicht in Richtung Erde ausgesendet wird, durch die Sonne so umgelenkt, sodass es uns erreichen kann; c) Das Licht des Sterns kommt von der Erde aus gesehen in Situation a) und b) aus unterschiedlichen Richtungen. Achtung: Die Größen- und Abstandsverhältnisse von Mond, Erde und Sonne sind in diesen Abbildungen nicht maßstabsgerecht!

Ohne Messen geht es nicht – Daten in den Naturwissenschaften

Wirkt ein Medikament? Dehnt sich das Universum aus? Steigen die Temperaturen auf der Erde? Sterben bestimmte Tierarten bald aus? All diese Fragen aus der Wissenschaft lassen sich nicht ohne Betrachtung von Unsicherheiten in Daten beantworten. Deshalb werden in wissenschaftlichen Veröffentlichungen mit empirischen Daten die Unsicherheiten der Daten in der Regel immer angegeben, sodass andere Wissenschaftlerinnen und Wissenschaftler deren Aussagekraft prüfen können, so wie es nach der Eddington-Expedition der Fall war. Dafür gibt es umfangreiche nationale und internationale Richtlinien.[2]

Es hat sich gezeigt, dass empirisch arbeitende Wissenschaften große Fortschritte dadurch erzielt haben, dass die Qualität der Daten gut abgeschätzt werden konnte. Sowohl historische als auch aktuelle Forschungsergebnisse sind durch Unsicherheiten und deren Abschätzung geprägt. Dabei ist es nicht selten ein langer Weg mit zahlreichen Forschungsarbeiten von vielen Menschen, die zu einem immer präziseren Ergebnis geführt haben. Die Geschichte der Messung der Geschwindigkeit von Licht (abgekürzt mit c), die den Zeitraum von rund 1600 bis 1983 umspannt, ist dafür ein gutes Beispiel.

Es werde Licht

Über die Frage, ob die Geschwindigkeit des Lichtes endlich oder unendlich sei, wurde schon Jahrhunderte v. Chr. nachgedacht. Erste systematische Versuche zur Messung der Lichtgeschwindigkeit um 1600 gehen

---

[2] "Evaluation of measurement data – Guide to the expression of uncertainty in measurement" des "Joint Committee for Guides in Metrology": https://www.bipm.org/utils/common/documents/jcgm/JCGM_100_2008_E.pdf.

auf Galileo Galilei zurück. Mit zwei Personen, die auf nebeneinander liegenden Bergen stehen, sollten mittels Laternen Lichtsignale hin und her geschickt werden. Wird die Zeit gemessen, die das Signal von einem Berg zum anderen und wieder zurück braucht, und ist der Abstand der beiden Berge bekannt, kann die Geschwindigkeit errechnet werden. Das dahinter liegende Grundprinzip zur Bestimmung der Geschwindigkeit ist Basis praktisch aller Messverfahren: den vom Licht durchlaufenen Weg s durch die dafür benötigte Zeit t zu teilen, kurz $c = \frac{s}{t}$. Galilei kam zu dem Schluss, dass die Lichtgeschwindigkeit sehr hoch sein muss, mindestens mehrere Kilometer pro Sekunde. Er kam zu diesem Ergebnis, da sein verwendetes Verfahren nur bis zu einer bestimmten Geschwindigkeit funktioniert, die durch die Reaktionszeit der Personen an den Lampen begrenzt war. Größere Geschwindigkeiten waren mit Galileis Methode nicht bestimmbar. Hier konnte also aus der Abschätzung der Unsicherheit der Messung – in die die vergleichsweise große Reaktionszeit von Menschen eingeht – geschlossen werden, dass die Lichtgeschwindigkeit sehr groß – größer als ein bestimmter Wert – sein muss. Galileis Experiment ist also nicht misslungen. Vielmehr verdeutlicht es, dass ein Ergebnis auch aus dem Gewinnen einer Ober- oder Untergrenze bestehen kann und dass aus der Nicht-Messbarkeit einer Größe in *einem* Experiment noch lange nicht folgen muss, dass sich diese nicht messen lässt.

Ein weiterer Meilenstein zur Bestimmung der Lichtgeschwindigkeit war die Methode aus dem Jahr 1676 nach Ole Römer, einem dänischen Astronom. Von ihm stammt die erste überlieferte Beschreibung, wie ein konkreter Wert für die Lichtgeschwindigkeit bestimmt werden kann. Alles, was er dafür brauchte, waren ein Teleskop und eine Uhr. Die Methode beruht auf Beobachtungen des Jupitermondes Io von der Erde aus und der Messung der Zeitspannen, die zwischen dem Verschwinden von Io auf der einen Seite von Jupiter und seinem Auftauchen auf der anderen Seite verstreichen. Diese auf der Erde gemessene Zeit variiert über das Jahr, weil sich der Abstand zwischen Erde und Jupiter im Jahresverlauf ändert. Im Laufe eines halben Jahres, in dem sich die Erde von dem Ort, der am nächsten am Jupiter liegt, zu dem Ort, der am weitesten entfernt vom Jupiter liegt, bewegt hat (das sind zweimal der Abstand von der Erde zur Sonne, also rund $2 \cdot 150.000.000$ km nach heutiger Erkenntnis), resultierten bei Römer rund 22 min Verzögerung. Die daraus berechnete Lichtgeschwindigkeit lag bei 213.000 km pro Sekunde mit einer Unsicherheit im Bereich von tausenden von Kilometern pro Sekunde. Interessant an diesem Verfahren ist, dass große astronomische Strecken genutzt werden, damit bei der hohen Lichtgeschwindigkeit die zu messenden Zeiten nicht zu klein werden.

In der Zwischenzeit wurden zahlreiche weitere Experimente zur Messung von c entwickelt, die auf der Erde durchgeführt werden können. Präzisionsmessungen mit Lasern am National Institute of Standards and Technology (NIST) 1973 ergaben $c = 299.792,4574$ km/s $\pm 0,001$ km/s. Seit 1983 ist c übrigens als feste exakte Größe ohne Unsicherheit festgelegt worden: $c = 299.792.458$ m/s. Während zuvor die Bestimmung der Lichtgeschwindigkeit anhand der Festlegung des Meters und der Sekunde erfolgte, wird nun ein Meter durch Festlegung der Lichtgeschwindigkeit und der Sekunde vorgenommen.

Manche physikalischen Größen werden mehrere Jahrhunderte lang beforscht, um sie immer genauer zu bestimmen. Aber wie sorgfältig auch gemessen wird, Unsicherheiten in Daten sind und bleiben immer vorhanden, auch wenn diese minimiert werden können (weitere Beispiele siehe Infokasten „Unsicherheiten in wissenschaftlichen Messungen").

Unsicherheiten in wissenschaftlichen Messungen

Atomgewichte. Wie viel wiegt ein Atom? Schon seit über 100 Jahren lässt sich die Masse eines Atoms mit Experimenten bestimmen. Um 1820 konnte durch die Weiterentwicklung von Messverfahren zur präzisen Bestimmung von Atomgewichten gezeigt werden, dass die Vermutung des englischen Chemikers William Prout, die Atommassen aller Elemente seien ganzzahlige Vielfache der Atommasse des Wasserstoffs, nicht zutrifft. Die Möglichkeiten, immer präziser zu messen, konnten also dafür genutzt werden, um wissenschaftliche Hypothesen zu überprüfen. In der Geschichte der Physik war es nicht selten der Fall, dass Nobelpreise für grundlegende Arbeiten erst vergeben wurden, wenn eine empirische Bestätigung der Vorhersagen gelungen war. Der britische Physiker Peter Higgs entwickelte 1964 einen heute nach ihm benannten Mechanismus, dessen experimenteller Nachweis erst 2012 gelang (siehe „Higgs-Boson" unten). Im Jahr darauf erhielt er den Nobelpreis für seine Arbeit.

Radiokarbonmethode. Wie alt ist das Turiner Grabtuch? Aus etwas jüngerer Zeit, ab etwa 1950, stammt die sogenannte Radiokarbonmethode, ein Verfahren, mit dem das Alter von archäologischen Funden bestimmt werden kann. Das Verfahren kann Datierungen im Bereich von vor 300 bis vor 60.000 Jahren mit einer Unsicherheit von bis zu $\pm$ 50 Jahren vornehmen. Die Weiterentwicklung dieser Methode sorgte dafür, dass Archäologinnen und Archäologen das Alter von Fundstücken immer präziser bestimmen können. Ein bekanntes Beispiel für die Anwendung dieser Methode ist die Bestimmung des Alters des Turiner Grabtuchs, eines 4,36 m × 1,10 m großen Leinentuchs, auf dem eine menschliche Gestalt zu erkennen ist und das im Turiner Dom aufbewahrt wird. Einer Legende nach soll Jesus in diesem Tuch begraben worden sein. 1988 wurde eine Probe des Grabtuchs entnommen und von drei unabhängigen Instituten untersucht. Diese kamen zu dem Ergebnis, dass der Zeitbereich zwischen 1260 und 1390 n. Chr. mit einem Mittelwert von etwa 1325 n. Chr. eine sehr hohe Wahrscheinlichkeit hat, das Alter des Tuchs zu beinhalten (vgl. Kap. 8, Infokasten „Konfidenzintervalle").[3] Damit liegt ein

---

[3] Damon, P. E., Donahue, D, Gore, B. et al. (1998). Radiocarbon dating of the Shroud of Turin, Nature 337, 611–615. https://doi.org/10.1038/337611a0.

überzeugender Beleg dafür vor, dass es eher unwahrscheinlich ist, dass die Legende vom Leichentuch Jesu im Turiner Dom auf der Wahrheit beruht, weil die Lebenszeit von Jesus nicht in diesen Zeitbereich fällt.

Higgs-Boson. Gibt es das in den 1960er Jahren aus einer theoretischen Notwendigkeit heraus vorhergesagte Elementarteilchen wirklich? Am internationalen Forschungszentrum CERN[4] in Genf (Schweiz) wurde es 2012 – also mehr als 50 Jahre später – experimentell nachgewiesen. Das Higgs-Boson ist ein Elementarteilchen – das sind physikalische Objekte, aus denen einerseits die Atome aufgebaut sind und die andererseits für die fundamentalen Kräfte verantwortlich sind – und ein notwendiger Bestandteil des Standardmodells der Elementarteilchenphysik. Denn nur mit dem Higgs-Boson kann erklärt werden, wie die Elementarteilchen ihre Masse erhalten. Der für den Nachweis verwendete Teilchenbeschleuniger (der Large Hadron Collider, dt. Großer Hadronen Speicherring) ist eine weltweit einmalige Versuchsanlage, die die Eigenschaften aller bekannten Elementarteilchen untersuchen kann und das Ziel hat, noch unentdeckte Teilchen zu finden und zu erforschen. Da Ereignisse, in denen die fraglichen Teilchen auftreten, so außerordentlich selten sind und zudem sehr schwer von ständig ablaufenden Untergrundprozessen („Rauschen") zu trennen sind, sind hochkomplexe statistische Analysen und Auswahlverfahren essenziell. Deshalb spielen in diesen Forschungsarbeiten Abschätzungen der Unsicherheiten eine zentrale Rolle: Die Wahrscheinlichkeit, dass man ein Signal erhalten hätte, das dem gesuchten High-Boson gleicht, wenn es nur zufällige statistischen Schwankungen gäbe, lag bei 1 zu 3,5 Mio. Solche Genauigkeiten sind natürlich nur mit sehr komplexen Verfahren und Datenanalysemethoden mit großen Datenmengen zu erreichen.

Zeitmessung. Wie genau kann Zeit gemessen werden? Präzisionsmessungen erlauben es heute, Messungen der Zeit im Attosekundenbereich durchzuführen.[5] Das ist ein Milliardstel einer Milliardstel Sekunde. Durch so genaue

---

[4] Das Akronym stammt aus dem Französischen: **C**onseil **E**uropéen pour la **R**echerche **N**ucléaire.

[5] Tagung „Measurements at the Limit" an der Physikalisch-Technischen Bundesanstalt in Berlin am 07.09.19.

Uhren kann gezeigt werden, dass die Zeit auf dem Gipfel der Zugspitze schneller vergeht als im Tal in Garmisch, da Garmisch näher am Mittelpunkt der Erde liegt. Das ist eine Folgerung aus der Allgemeinen Relativitätstheorie, die jenseits unserer Alltagserfahrungen einen Zusammenhang zwischen Masse und Zeit angibt. Vereinfacht gesagt, vergeht die Zeit einer Uhr umso langsamer, je dichter sie sich Massen nähert. Das extremste Beispiel dafür ist ein schwarzes Loch: In dessen Zentrum bleibt der Theorie nach die Zeit stehen.

Präzise Zeitmessungen sind Grundlage völlig neuer Verfahren zur genauen Vermessung der Erde. So könnten etwa Änderungen in Massenverteilungen auf der Erde wie z. B. bei abschmelzendem Eis auf Gletschern bzw. in Permafrostregionen ohne Probebohrungen untersucht werden. Sie finden ferner Anwendung bei quantenphysikalischen Experimenten.

Wenn Daten nicht genau genug sind

„Elektronen haben keine elektrische Ladung." Zu diesem – aus heutiger Sicht falschen – Ergebnis gelangte der deutsche Physiker Heinrich Hertz gegen Ende des 19. Jahrhunderts.[6] Er zog diese Erkenntnis aus Experimenten mit Elektronen. Elektronen sind – wie wir heute wissen – elektrisch geladene Elementarteilchen, die sich vereinfacht ausgedrückt im Raum um den Atomkern herum aufhalten können. Die Experimente von Hertz ergaben allerdings, dass Elektronen *nicht* geladen sind. Anhand einer genauen Betrachtung seiner Versuchsapparatur können wir heute sagen, dass diese technisch nicht geeignet war, die Ladung der Elektronen überhaupt nachzuweisen. Dies gelang erst 1897 dem britischen Physiker Joseph John Thomson. Aber Hertz konnte mit dem Wissensstand zu seiner Zeit die Unzulänglichkeit seines Experimentes schlicht nicht eindeutig erkennen. Die Wissenschaften kennen also auch Fehlschlüsse, die auf unsicheren Daten

---

[6] Chalmers, A. (2006). Wege der Wissenschaft, Berlin: Springer, S. 29.

beruhen und bei denen die Unsicherheiten nicht erkannt wurden bzw. völlig unbekannt waren. Dann können sich selbst die größten experimentellen Bemühungen im Nachhinein als vergebens herausstellen.

Das kann natürlich auch heutzutage passieren. Experimente können unbekannte Unsicherheiten und Abweichungen haben, was dazu führen kann, dass Fragen „falsch" beantwortet werden. „Falsch" ist hier in dem Sinne gemeint, dass sich Folgerungen *später* als falsch herausstellen. Da dieses Wissen zu dem Zeitpunkt selbst jedoch noch nicht bekannt war, wurden also während des Arbeitens keine Fehler gemacht.

Ferner können Experimente auch Daten liefern, die nicht ausreichen, um bestimmte Fragen zu beantworten. Das führt dann dazu, dass Aussagen aufgrund einer schwachen oder nicht belastbaren Datenlage bereits im Rahmen unseres Wissens große Unsicherheiten haben. Aktuell in der Diskussion sind z. B. die Fragen, inwiefern und unter welchen Bedingungen bestimmte Pflanzenschutzmittel für den Menschen gesundheitsschädlich sind oder ob von der Mobilfunknutzung (am Telefon oder in der Nähe von Sendemasten) langfristig Gesundheitsgefährdungen für den Menschen ausgehen.

Wissen über Nicht-Wissen

Um entsprechende Fragen zu beantworten, sind empirisch arbeitenden Wissenschaften bestrebt, genau zu messen, um so Theorien, Annahmen oder Hypothesen zu stützen oder zu verwerfen. Dazu sind vielfältige und oft langwierige Forschungen notwendig, wie das Beispiel der Lichtgeschwindigkeit gezeigt hat. Ferner kommt es auch zu Fehlschlüssen, wie etwa bei Hertz bezüglich der elektrischen Ladung von Elektronen. Deshalb ist Wissen, das Wissenschaft einmal geschaffen hat, auch veränderbar: Wissenschaft und Wissen entwickeln sich weiter.

Daraus folgt aber auch, dass die Ergebnisse der Wissenschaft eine Frage nicht immer mit „ja" oder „nein" beantworten können, wie z. B. die Frage, ob Fahrverbote für Dieselfahrzeuge die Stickstoffdioxidbelastung in City-Bereichen verringern. Die Antwort kann unter einigen Voraussetzungen, z. B. in der unmittelbaren Umgebung des Messgeräts, „ja" lauten. Das wäre ein guter Indikator dafür, dass das Ziel der Messung, die Stickstoffdioxidbelastung an einer bestimmten Straße zu verringern, zumindest an der Stelle des Messortes erreicht wurde. Dieser Antwort liegen durchaus hinreichend genaue Daten zugrunde, die sich jedoch in der Regel nicht einfach verallgemeinern lassen. Die Stickstoffdioxidbelastung könnte sich z. B. großräumig durch Fahrverbote auch erhöhen, da durch Umfahrungen der gesperrten Straßen nun längere Wege in der Innenstadt zurückgelegt werden. Wäre es das Ziel gewesen, die Stickstoffdioxidbelastung durch Fahrverbote in der gesamten Innenstadt zu verringern, wären die Messungen an einer einzigen Straße nicht ausreichend. Es kommt also auf das Ziel der Messung an und welche Folgerungen anhand der erhobenen Daten zulässig sind und welche nicht.

Das führt dazu, dass es Themen gibt, bei denen die Erkenntnisse in der Wissenschaft schlicht noch nicht weit genug fortgeschritten sind, um umfassende und allgemeinere Aussagen zu treffen. Expertinnen und Experten verlassen sich auf ihre jeweiligen vertrauten theoretischen Grundlagen und Studien, und das können bei verschiedenen Teams unterschiedliche sein (vgl. das Beispiel zur Expansion des Universums weiter unten). Das ist auch nicht beunruhigend, sondern der „normale" und auch fruchtbare Verlauf wissenschaftlicher Erkenntnisgewinnung: Es braucht eben eine gewisse Zeit, bis genügend Theorie(n) entwickelt, Daten gesammelt, auswertet und intensiv im Kreis von Kundigen kritisch diskutiert sind. Zum Beispiel hat es einige Jahre gedauert, bis Forscherinnen und Forscher zu der nun weitgehend in Wissenschaftskreisen akzeptierten Aussage gekommen sind, dass der derzeit beobachtbare Klimawandel auch vom Menschen erzeugt wurde. Zuvor wurde auch eine rein natürliche Schwankung der Temperatur auf der Erde in Betracht gezogen. In anderen Themenfeldern ist man noch nicht so weit; insbesondere dann, wenn nicht ausreichend Evidenz (wie z. B. Daten aus mehreren Studien) vorliegt.

Darüber hinaus sei hier ergänzend angemerkt, dass es durch einzelne Messungen – egal wie viele – prinzipiell gar nicht möglich ist, eine naturwissenschaftliche Theorie wirklich zu *beweisen*. Denn dazu müssten Messungen beliebig oft wiederholt werden, um zu zeigen, dass alle möglichen Messergebnisse immer zur Theorie passen. Aber das geht natürlich nicht. Wenn zum Beispiel bewiesen werden sollte, dass alle Massen auf der Erde von dieser angezogen werden, so müsste das mit allen möglichen Massen an allen Orten auf, unterhalb und oberhalb der Erdoberfläche gemacht und bestätigt werden. Ein offensichtlich unendliches Unterfangen. In den Naturwissenschaften reicht es aber durchaus aus, wenn hinreichend viele Bestätigungen einer Theorie erbracht werden können.

Auch in der Wissenschaft werden Fehler gemacht

Zum Abschluss dieses Kapitels möchte ich einen kurzen Blick auf Fehlbarkeit beim wissenschaftlichen Arbeiten werfen. Das stellt die vielen großartigen Erkenntnisse der Wissenschaftlerinnen und Wissenschaftler natürlich nicht infrage. Ich möchte vielmehr aufzeigen, dass die vielfältigen Tätigkeiten des Forschens und Entwickelns nicht immer „reibungsfrei" verlaufen, sondern dass einige Erkenntnisse „teuer" bezahlt werden. Tätigkeiten, die Kreativität und persönliche Überzeugungen benötigen und ohne die Fortschritte oft nicht möglich wären, können in einzelnen Fällen aber auch hinderlich sein.

Da Irren menschlich ist und Wissenschaft von Menschen betrieben wird, kommt es natürlich auch hier zu Fehlern. Fehlerhafte Messungen, Auswertungen oder Schlüsse kommen also auch in der Wissenschaft vor (siehe Infokasten „Fehler in der Wissenschaft"). An dieser Stelle sind jetzt tatsächlich Fehler gemeint – nicht Unsicherheiten.

Fehler können aber große Abweichungen in Messungen erzeugen, die – wenn sie bemerkt werden – eine wichtige Quelle von Erkenntnissen sein können: Erkenntnisse über die Bedeutung klarer Regeln und Vereinbarungen in der Zusammenarbeit von Teams, über Störstellen im komplexen Versuchsaufbauten sowie über den Einfluss von erhofften Ergebnissen auf das, was gesehen wird.

Fehler in der Wissenschaft

Der Mars Climate Orbiter. Der Mars Climate Orbiter ist eine rund 640 kg schwere NASA-Sonde, die entwickelt wurde, um das Klima, die Atmosphäre und Oberflächenveränderungen auf dem Mars zu untersuchen. Der Kontakt zu der Sonde, die im Dezember 1998 ins All startete, brach im September 1999 jedoch ab, nachdem ihre Umlaufbahn dem Planeten Mars viel näher gekommen war als geplant. Grund dafür war, dass verschiedene Teams – die NASA und der Hersteller – mit unterschiedlichen Einheiten für die physikalische Größe des Impulses (Impuls ist gleich Masse mal Geschwindigkeit) gerechnet haben: einmal in Newton-Sekunden (N·s) und einmal in Kraftpfund-Sekunden (lbf·s, engl. „Pound-Force Seconds"). Da „vergessen" wurde, die Einheiten umzurechnen, setzte ein Computerprogramm automatisch einfach 1 N·s mit 1 lbf·s gleich. Dadurch kam der Mars Climate Orbiter der Marsatmosphäre zu schnell zu nahe, sodass die Sonde vermutlich durch die Hitze zerstört wurde.

Das OPERA-Experiment. Aus diesem Experiment wurde 2011 das Ergebnis veröffentlicht, dass Neutrinos – das sind Elementarteilchen – mit Geschwindigkeiten schneller als Lichtgeschwindigkeit unter Berücksichtigung von Unsicherheiten gemessen wurden. Das steht im Widerspruch zu den Grundgesetzen der Physik, hier insbesondere der Relativitätstheorie. Diese setzt nämlich voraus, dass die Lichtgeschwindigkeit im Vakuum von keinem Objekt überschritten werden kann. Entsprechend verwundert war die Fachwelt. Deshalb wurde nach Fehlern und vergessenen Unsicherheiten gesucht. Und man wurde in der Versuchsdurchführung fündig. Nach einer entsprechenden Korrektur ist das Ergebnis unter Berücksichtigung der Unsicherheiten wieder mit der gegenwärtigen Physik zu vereinbaren.

Die N-Strahlen. Nachdem der deutsche Physiker Conrad Röntgen die heute nach ihm benannten Strahlen entdeckt hatte, wollten einige Wissenschaftlerinnen und Wissenschaftler auch gern neue Strahlen finden. Das führte 1901 in Frankreich zur Entdeckung der sogenannten N-Strahlen (N für den Ort Nancy). Ein Team war dort so stark vom Wunsch erfüllt, eine neue Entdeckung zu machen, dass sie Erscheinungen sahen, die keine anderen Forscherinnen und Forscher in den gleichen Experimenten sehen konnten. Eine unabhängige Kommission konnte dann aber vor Ort in Nancy mit ein paar trickreichen Handgriffen zeigen, dass hier kein physikalischer, sondern ein psychologischer Effekt vorlag. Dazu wurde der Versuchsaufbau beim Experimentieren verändert, sodass das Nancy-Team in immer größere Widersprüche bezüglich ihrer eigenen Beobachtungen geriet. Das Vorhaben, ruhmvoll mit den N-Strahlen in die Geschichte der Physik einzugehen, war missglückt.

Denn auch Wissenschaftlerinnen und Wissenschaftler können sich vom Wunsch, ganz bestimmte Ergebnisse zu erzielen, (ver)leiten lassen, und zwar ohne dass hier eine hinterlistige Täuschung oder gar ein Betrug vorliegt. Dieser psychologische Effekt wird als sogenannter Bestätigungsfehler (engl. Confirmation Bias) bezeichnet: Man sucht nach dem, was man finden will. Dabei wird von unvoreingenommenen und möglichst objektiven Methoden zugunsten erwarteter Ergebnisse abgewichen. Davon ist auch die Physik betroffen, und zwar nicht nur in skurrilen historischen Beispielen wie den N-Strahlen (siehe Infokasten „Bestätigungsfehler in der Wissenschaft").

Bestätigungsfehler in der Wissenschaft

Elementarladung. Der US-amerikanische Physiker Robert Andrews Millikan gilt als derjenige, der als Erster die Elementarladung nachgewiesen hat – wofür er 1923 den Nobelpreis erhielt. Die Elementarladung ist die elektrische Ladung eines Elektrons, von der ausgegangen wird, dass sie die kleinste mögliche Ladung darstellt. Jede beliebige andere Ladung ist demnach ein Vielfaches von dieser Elementarladung. Aus der Auswertung der Laborbücher von Millikan ist bekannt, dass er einige Messwerte, die zu einer hohen Unsicherheit seiner Ergebnisse geführt hätten, weggelassen hat. Deshalb besteht der Verdacht, dass sich Millikan auch von seinem Ziel hat beeinflussen lassen, diese Elementarladung möglichst „gut" zu messen. Seine Arbeitsweise sollte aber nach den Standards und Vorgehensweisen seiner Zeit beurteilt werden, die nicht so streng waren wie die heutigen. Insofern sollte Millikan nicht unbedingt eine böse Absicht und bewusste Täuschung vorgeworfen werden. Denn sein Experiment war störanfällig, sodass das Verwerfen von stark abweichenden Messdaten – sogenannten Ausreißern – sicherlich nicht grundsätzlich falsch war. Die Frage ist natürlich, inwiefern sein gewünschtes Ergebnis ausschlaggebend für das Behalten oder Verwerfen bestimmter Messergebnisse war.

Expansion des Universums. Saul Perlmutter, ein US-amerikanischer Astrophysiker, der 2011 den Nobelpreis für Physik erhielt, hat in einem Vortrag[7] dargestellt, wie sich die Ergebnisse zur Beschreibung der Expansion des Universums von verschiedenen Forscherteams unterschieden. Bei zwei Teams ergaben sich in der Vergangenheit immer verschiedene Werte der sogenannten Hubble-Konstanten[8] H. Zur Erklärung: H stellt die Relation zwischen der scheinbaren Geschwindigkeit eines Objektes im Universum

---

[7] Vortrag am 24.06.19 am Deutschen Elektronen-Synchrotron in Hamburg. https://www.pier-hamburg.de/news_amp_dates/pier_news/index_eng.html?target_url=%7B%24sites/sites_custom/site_pier-helmholtz-graduateschool%40e209244/e228794/e92917%7D&newstitle=Guest%20lecture%20with%20Nobel%20Laureate%20Saul%20Perlmutter.

[8] Heute ist bekannt, dass H nicht konstant ist.

(in km/s) und dem Abstand des Objektes von der Erde (in Megaparsec – Mpc[9]) dar und ist somit ein Maß für die Expansion des Universums. Denn je weiter weg sich Objekte im Universum befinden, desto schneller scheinen sie sich zu bewegen.

Bei Team 1 lag der Wert immer um 50 $\frac{km/s}{Mpc}$, bei Team 2 um 100 $\frac{km/s}{Mpc}$. Die Ergebnisse der unterschiedlichen Teams ließen sich durch deren Analysepraxis erklären, die jeweils darauf ausgerichtet war, solange auszuwerten, bis die eigenen Ergebnisse die Erwartungen bestätigten, und Fehler in den Analysen der jeweils anderen Forschergruppe zu suchen. Es ist offensichtlich, dass wissenschaftlicher Fortschritt durch Ersteres eher behindert als gefördert wird.

Für oder wider die Todesstrafe. In einem psychologischen Experiment wurde Menschen, die für oder gegen die Todesstrafe waren, jeweils zwei Studien vorgelegt.[10] Eine Studie enthielt scheinbare empirische Belege für und die andere gegen die Todesstrafe. Nach dem Lesen der Texte bewerteten die Probandinnen und Probanden diejenige Studie als überzeugender und besser, die ihrer eingangs genannten Einstellung entsprach. Dabei nahm die Überzeugung immer dann zu, wenn sie Argumente für die eigene Haltung enthielt. Argumente wider die eigene Haltung führten jedoch kaum zum Infragestellen der eigenen Position. Offensichtlich gab es in der Studie eine Neigung der Teilnehmerinnen und Teilnehmer, bei kontroversen Themen eher nach der Bestätigung einer bereits zuvor gebildeten Position zu suchen.

Ich sehe was, was du nicht siehst

An einem Sommerabend im Juni 2019 berichtet Saul Perlmutter, von Beruf Kosmologe, einigen Kollegen und Kolleginnen und mir beim Abendessen in einem gemütlichen Restaurant im Hamburger Hafen, warum er sich jetzt

---

[9] 1 Mpc = 1.000.000 pc = 3.300.000 Lichtjahre = 31.000.000.000.000.000.000.000 m.

[10] Schweizer, M. D. (2005). Kognitive Täuschungen vor Gericht: eine empirische Studie, Zurich Open Repository and Archive.: https://www.zora.uzh.ch/id/eprint/165152/1/20050075.pdf, Seite 185.

intensiv für die Vermittlung eines kritischen und objektiven Umgangs mit Daten einsetzt. Persönlich hatte er in seinem eigenen Forschungsfeld erlebt, wie anfällig Menschen für Fehlschlüsse sein können – auch in den Naturwissenschaften (siehe Infokasten „Bestätigungsfehler in der Wissenschaft"). Selbstredend gilt das – so stellte er schnell klar – nicht nur für die Naturwissenschaften. Er schilderte, wie sich ein Team von Wissenschaftlerinnen und Wissenschaftlern unterschiedlichster Fachrichtungen der Universität Berkeley in Kalifornien 2014 der folgenden Frage widmete: Wie sollten Informationen effektiv verstanden, bearbeitet und interpretiert werden, um als Bürger einer Welt im 21. Jahrhundert gut begründete Entscheidungen im beruflichen und privaten Leben treffen zu können?[11] *Dies war der Ausgangspunkt für die Gründung eines Instituts, das Berkeley Institut für Datenwissenschaften, dessen Direktor Saul Perlmutter heute ist. Saul Perlmutter ist „Botschafter" für die Vermittlung von Datenkompetenz in der breiten Öffentlichkeit geworden. An jenem Abend war es ihm gelungen, die in Hamburg versammelten Astrophysiker und mich von der außerordentlichen Bedeutung der Allgemeinbildung im Themenfeld „Umgang mit Daten" zu überzeugen.*

Blinde Kuh

Zur Allgemeinbildung im Umgang mit Daten kann auch das Erkennen und Vermeiden des Bestätigungsfehlers gehören. Wir alle sehen mitunter unsere Vermutungen und Vorhersagen gern bestätigt. Deshalb sind vielleicht auch Horoskope so beliebt – wir finden immer Dinge darin, die uns bestätigen. Aber nun wieder von der Astrologie zurück zur Astronomie: Wie kann in der Forschung

---

[11] University of Berkeley, Division of Computing, data Science, and Society. https://data.berkeley.edu/history.

der Bestätigungsfehler vermieden werden? Ein Weg ist die sogenannte *Blinde Analyse* (engl. Blinded Analysis), ein Auswertungsverfahren ohne Blick auf die Ergebnisse, das Saul Perlmutter und der US-amerikanische Psychologe Robert MacCoun 2015 in der Zeitschrift *Nature*[12] beschrieben. Das prinzipielle Verfahren ist dabei das Folgende:

1. Alle Auswertungs- und Analyseverfahren werden festgelegt, bevor die Originaldaten erhoben werden. Beispielsweise werden feste Regeln der Fehlersuche, der Datenauswahlkriterien und der Methoden der Datenbearbeitung vorher genau festgelegt.
2. Alle beteiligten Wissenschaftlerinnen und Wissenschaftler einigen sich darauf, das Ergebnis – egal, wie es ausfällt – zu veröffentlichen.
3. Nun erst werden die Daten erhoben. Durch eine Vertrauensperson erfolgt allerdings als Erstes ein vorübergehendes und rückgängig zu machendes Entfernen von Datenbezeichnungen oder Verändern von Datenwerten („Verschleierung"). Oder es werden zusätzliche Datensätze hinzugefügt, sodass Uneingeweihten nicht klar ist, welcher der richtige (das Original) ist. Ein nicht in diese Veränderung eingeweihtes Forschungsteam wertet die Daten dann „im Dunklen", also „blind" aus, soweit das möglich ist, und erklärt, wann die Auswertung endgültig beendet ist.
4. Erst dann wird „unblinded", die „Verschleierung" durch die Manipulation also rückgängig gemacht, und das Ergebnis, wie es ist, akzeptiert und veröffentlicht.

---

[12] MacCoun, R. & Perlmutter, S. (2015). Hide results to seek the truth, Nature 526, 187–189.

In einigen wissenschaftlichen Experimenten wird dieses Verfahren erfolgreich eingesetzt.[13] Bei einem großen Experiment 2021 am Fermilab bei Chicago (USA) wurden die magnetischen Eigenschaften von Myonen untersucht. Ein Myon ist ein Elementarteilchen mit den gleichen Eigenschaften wie ein Elektron, nur mit einer größeren Masse und einer kürzeren Lebensdauer.[14] Der Vorhersage nach wird das magnetische Moment des Myons – quasi seine eigene Magnetisierung – durch virtuelle Realisationen anderer bekannter Elementarteilchen beeinflusst, die im Vakuum kurzzeitig paarweise auftauchen und wieder verschwinden. Nun hat sich in einem Experiment gezeigt, dass die bekannten Vertreter der Elementarteilchen nicht ausreichen, um die erhaltenen Ergebnisse zu erklären. Dies legt die Vermutung nahe, dass es noch weitere – bislang unbekannte – Elementarteilchen geben könnte: ein sehr wichtiges Ergebnis für die Teilchenphysik, da dies eine Abweichung vom Standardmodell der Elementarteilchenphysik bedeuten bzw. eine Erweiterung des Standardmodells notwendig machen würde. Um einen Bestätigungsfehler bei der Auswertung der Daten – die extrem kleine Abweichung vom Standardmodell zu finden – zu vermeiden, wurde die exakte Frequenz der im Experiment verwendeten digitalen Uhr nur zwei nicht am Experiment beteiligten Physikern mitgeteilt. Die Frequenz ist ein Maß für den Takt der Uhr, also z. B. die Dauer des Hin- und Herpendelns einer Standuhr oder die Zeit zwischen zwei Schlägen eines Metronoms. Das Forscherteam konnte die Daten so zwar auswerten, aber die für die Berechnung

---

[13] Castelvecchi, D. (2021). Is the standard model broken? Physicists cheer muon result, Nature, Vol. 592, Webseite des Fermilabs: https://muon-g-2.fnal.gov.
[14] Die Lebensdauer beträgt rund 0,0000022 s. Für teilchenphysikalische Verhältnisse ist das jedoch recht lang.

notwendige genaue Frequenz war ihnen unbekannt. Damit wird ein objektives Vorgehen bei der Datenauswertung erreicht und verhindert, dass (unbewußt) eine Analysestruktur geradeso aufgebaut wird, dass das gewünschte Signal statistisch signifikant wird. Erst als die Auswertung für abgeschlossen erklärt wurde, wurde auf einem Treffen der über 200 am Forschungsvorhaben beteiligten Wissenschaftlerinnen und Wissenschaftler der Umschlag mit der genauen Frequenz geöffnet, der Wert in den Computer eingegeben und das exakte Ergebnis bestimmt.

Wenn wir das Verfahren der blinden Analyse spaßeshalber vereinfacht auf eine Alltagssituation übertragen, könnte das so aussehen: Stellen Sie sich vor, Sie leben in der Stadt und möchten herausfinden, ob Sie mit dem Auto, dem ÖPNV oder mit dem Fahrrad am schnellsten zur Arbeit kommen. Heimlich hoffen Sie, dass das Auto gewinnt, weil es so schön bequem ist. Aber Sie wollen sich natürlich nicht von Ihrem Wunsch „blenden" lassen. Blinde Analyse hieße also nun:

1. Als Erstes legen Sie fest, dass Sie alle drei Fahrvarianten je 10-mal durchführen und dabei die Zeit messen. Aus diesen 10 Messungen bestimmen Sie den Mittelwert und legen fest: die Variante mit dem kleinsten Mittelwert „gewinnt", egal, wie nah die Mittelwerte beieinander liegen und unabhängig davon, welche Unsicherheiten die Mittelwerte jeweils haben. (Das kann natürlich auch anders gemacht werden, indem die Unsicherheit auch berücksichtigt wird – mehr dazu in Kap. 8.) Ferner legen Sie fest: Fahrten, die wegen ungewöhnlicher äußerer Umstände, wie z. B. einer Vollsperrung auf der Stadtautobahn, einem Streik im ÖPNV oder einer gerissenen Fahrradkette, extrem viel länger dauern als „üblich", zählen nicht und werden als Ausreißer aus dem Datensatz entfernt.

2. Sie entscheiden sich, egal wie das Ergebnis ausfällt, das Resultat ihren Freunden zu erzählen (und danach zu handeln).

3. Zur Datenaufnahme schicken Sie einer Freundin oder einem Freund immer eine Nachricht, wann Sie losfahren und wann Sie ankommen. Diese Person sammelt die Daten, und Sie erklären, dass Sie selbst die Ergebnisse nicht protokollieren, sondern die Nachrichten löschen. Ihre Vertrauensperson sammelt und „manipuliert" dann die Daten vorübergehend. Sie vertauscht z. B. die Daten vom Fahrrad mit denen vom ÖPNV, addiert hier und dort ein paar Minuten dazu und schickt Ihnen dann den Datensatz zur Auswertung zu. Sie führen die Auswertung gemäß dem festgelegten Verfahren (siehe 1) durch und sagen Bescheid, wenn Sie fertig sind.

4. Nun werden die Manipulationen rückgängig gemacht, indem die Vertrauensperson angibt, was sie alles verändert hat; dann werden die Ergebnisse mit demselben Verfahren neu berechnet. Damit liegt dann das „unverfälschte" Ergebnis vor. Gute Fahrt!

***

Damit kein falscher Eindruck entsteht: Eine unzureichende Datenbasis, Fehlschlüsse und Bestätigungsfehler können in den Naturwissenschaften zwar grundsätzlich auftreten. Sie sind aber eher die Ausnahme als die Regel. Diese Ausnahmen dürfen auch nicht darüber hinwegtäuschen, dass Naturwissenschaften, Mathematik und Informatik im Laufe der Jahrhunderte eine enorme und belastbare Erkenntnisbasis produziert haben, auf deren Grundlage tagtäglich naturwissenschaftlich-technische und informatorische Prozesse extrem zuverlässig ablaufen. Diese Prozesse bestimmen unsere Gesellschaft in hohem Maße.

Messungen und Prognosen mit abschätzbaren Unsicherheiten tragen zu diesem stabilen und verlässlichen Wissen erheblich bei. In der Regel steckt dahinter das Knowhow von Expertinnen und Experten, deren Wissen beim Umgang mit Unsicherheiten und deren Kompetenzen bei der Bewertung dieser Unsicherheiten wir vertrauen.

In den nächsten Kapiteln wird beschrieben, wie Sie mit Unsicherheiten umgehen können, ohne Expertin oder Experte zu sein. Dabei schauen wir im folgenden Kapitel zunächst darauf, wann es reicht, nur einmal zu messen, und wann mehrere Messungen notwendig sind. Im letzteren Fall werden dann natürlich Verfahren gebraucht, um die gesammelten Messungen – den Datensatz – auszuwerten. Dazu werden wir – aufbauend auf den bereits in Kap. 3 genannten Begriffen der Präzision und Richtigkeit – zeigen, wie sich die Qualität der Messungen abschätzen lässt.

Zusammenfassung

- In der Wissenschaft kann auf die Bestimmung und explizite Angabe von Unsicherheiten bei Messungen nicht verzichtet werden, denn sonst können Ergebnisse nicht verglichen und bewertet werden. Außerdem können andere Wissenschaftlerinnen und Wissenschaftler nur auf diese Weise Berechnungen und Ergebnisse nachprüfen sowie Experimente verbessern.
- Große Ungenauigkeiten und nicht ausreichende Daten können zu Fehlschlüssen führen oder die Beantwortung von bestimmten Fragen unsicher oder sogar gänzlich unmöglich machen.
- Auch in den Wissenschaften können Fehler und „Ungereimtheiten" auftreten, wenn z. B. die Erwartung erhoffter Ergebnisse eine objektive Beobachtung und Auswertung beeinflusst. Dem wird mit Verfahren wie z. B. der Blinden Analyse begegnet, bei dem den Personen, die die Auswertung vornehmen, bestimmte Informationen vorübergehend vorenthalten werden.

7

Ermessen von Unsicherheiten

Wann genügt es, ein mal zu messen und wann nicht? Wie können mehrere Messungen grafisch und rechnerisch zusammen ausgewertet werden? Wie lassen sich die Unsicherheiten von einmaligen oder mehrfachen Messungen bestimmen?

„Bisher war es vielen Leuten unbekannt, wie die Entfernung des Mondes von der Erde zu berechnen war. Sie wurden belehrt, daß man diese Kenntnisse durch Messung der Parallaxe des Mondes gewinne. Waren sie über dieses Wort betroffen, so sagte man ihnen, so heiße der Winkel, den zwei gerade Linien bilden, die man von den beiden Enden des Erddurchmessers zu dem Mond zieht. Zweifelten sie an der Zugänglichkeit dieser Methode, so bewies man ihnen nicht allein, daß der mittlere Abstand 234 347 Meilen beträgt, sondern auch, daß sich die Astronomen um keine siebzig Meilen irren."[1]

---

[1] Jules Verne, J. (1968). Von der Erde zum Mond, Berlin: Neues Leben, S. 24.

B. Priemer, *Unsicherheiten, aber sicher!*, https://doi.org/10.1007/978-3-662-63990-0_7

Dies schrieb der französische Schriftsteller Jules Verne 1865 in seinem Buch „Von der Erde zum Mond". Damit gab er schon vor mehr als 150 Jahren in seinem Roman konkret Unsicherheiten von Daten an, hier 70 Meilen, die er als absolute Unsicherheit für die Berechnung des mittleren Abstands von der Erde zum Mond benannte. Jules Verne vertraute darauf, dass seine Leser diese Angaben verstehen würden. Das sollte meiner Ansicht nach auch heute für Veröffentlichungen gelten, die sich an ein breites Publikum richten. Denn nur so können sich die Leser und Leserinnen selbst ein Bild von der Qualität der Daten machen. Wie ich gleich zeigen werde, lag in Jules Vernes Berechnung des Abstands zwischen Erde und Mond eine Abweichung zugrunde, die aus heutiger Sicht weitaus größer ist, als die Unsicherheit von 70 Meilen.

Mit Unsicherheiten zum Mond schießen

Wie lässt sich die Entfernung zum Mond mit vergleichs- weise einfachen Mitteln bestimmen, ohne diese Strecke mit einem Maßband abzuschreiten? Schließlich ist uns der Raum zwischen Erde und Mond nicht wirklich gut zugänglich. Die Lösung des Problems - jenseits von Lasern auf der Erde und Spiegeln auf dem Mond - liegt in der Beobachtung des Mondes von der Erde. Es reicht aus, von unterschiedlichen Standorten auf der Erde – deren Abstand voneinander bekannt ist – den Mond anzupeilen.

Die Parallaxen-Methode, von der Verne spricht, ist ein historisches geometrisches Verfahren, mit dem Abstände auf Basis von bekannten Winkeln und Strecken bestimmt werden können (siehe Infokasten „Parallaxen-Methode"). Nach heutigem Stand beträgt der mittlere Abstand[2] von

---

[2] Der Abstand zwischen Erde und Mond schwankt etwas, da der Mond keine genaue Kreisbahn um die Erde beschreibt, sondern eine Ellipse. Auch dreht sich der Mond nicht um den Mittelpunkt der Erde, sondern um den

der Erde zum Mond 238.856 Meilen [mi] (384.402 km), und der Abstand lässt sich mit einer Unsicherheit von 0,043 in (*in* steht für Inch, zu deutsch *Zoll,* eine in den USA bis heute gebräuchliche Längeneinheit: 0,043 in sind 1,1 mm)[3] bestimmen. Die Abweichung zu Vernes Wert beträgt also rund 4500 mi (7200 km), etwas mehr als ein Erdradius. Diese Abweichung ist demnach um ein Vielfaches größer als die angegebene Unsicherheit von 70 mi.

Diese Betrachtung gilt unter der Annahme, dass Verne mit einer Meile auch tatsächlich die auf dem *Weights and Measures Act 1824* festgelegte Entfernung für eine Meile verwendet hat und nicht eine der vielen anderen damaligen Meilenfestlegungen. Ersteres ist in der Tat anzunehmen, denn seine Angabe für den schon seit sehr langer Zeit bekannten Erdradius weicht vom heutigen Wert nur um 39 Meilen (rund 62 km) ab.

Parallaxen-Methode

Das grundlegende Prinzip der Parallaxen-Methode ist in einem einfachen Fall folgendes:[4] Wir betrachten zwei Orte auf der Erde, die auf demselben Längengrad liegen. Das heißt, dass sie auf *einer* gedachten Linie vom Nord- zum Südpol liegen. Das trifft beispielsweise auf Berlin und Kapstadt in etwa zu (Abb. 7.1). Wenn nun von Berlin aus gesehen der Mond genau im Süden steht und von Kapstadt aus im Norden, dann wird der Mond an beiden Orten gleichzeitig bei einer Messung angepeilt. So kann der Winkel des Mondes über dem Horizont an beiden Orten

---

gemeinsamen Schwerpunkt von Erde und Mond. Dieser liegt etwa 4700 km vom Erdmittelpunkt in Richtung Mond entfernt, also rund 1700 km unterhalb der Erdoberfläche.

[3] Wikipedia: https://en.wikipedia.org/wiki/Lunar_distance_(astronomy).

[4] Backhaus, U. (2016). Die tägliche Parallaxe des Mondes. http://www. astronomie-und-internet.de/lunarparallax/taeglicheMondparallaxe.pdf und Backhaus, U. (2013). Die Größe der Erde und die Entfernung des Mondes, Praxis der Naturwissenschaften – Physik in der Schule, 62 (8). 18–31.

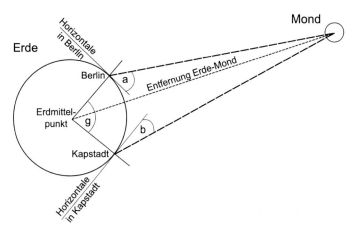

Abb. 7.1 Mit der Parallaxen-Methode können Sie die Entfernung von der Erde zum Mond bestimmen

gemessen werden (in Abb. 7.1 sind diese Winkel mit a und b bezeichnet). Wenn jetzt noch der Winkel (in Abb. 7.1 mit g bezeichnet) mit dem Atlas bestimmt wird, der vom Erdmittelpunkt aus auf einem Schenkel Berlin und auf dem anderen Kapstadt anpeilt, dann kann der Ort des Mondes auf einer Skizze mit Zirkel, Winkelmesser und Lineal konstruiert werden.

Dazu wird ein beliebiger Kreis gezeichnet, der die Erde darstellt, der Mittelpunkt markiert und ein Ort, z. B. Berlin, irgendwo auf dem Kreis festlegt. Nun wird der zweite Ort konstruiert, indem an der Verbindungslinie vom Erdmittelpunkt nach Berlin im Erdmittelpunkt der Winkel g (etwa 86,5°)[5] angetragen und der Schnittpunkt mit dem Kreis bestimmt wird. Das ist Kapstadt. Nun kann in Berlin und Kapstadt die Horizontale (die Tangente) an den Kreis gezeichnet werden. Schließlich müssen jetzt nur noch die beiden Winkel a und b abgemessen werden, die die Richtung des Mondes an den beiden Orten angeben

---

[5] Gerundete Daten einer historischen Messung von 1752 entnommen aus Wagenschein, M. (1962). Wie weit ist der Mond von uns entfernt? in Naturphänomene sehen und verstehen, Stuttgart: Klett. http://www.martin-wagenschein.de/2/W-002-2.pdf.

(etwa a = 57,9° für Berlin und b = 34,3° für Kapstadt). In diese Richtungen werden von den Orten ausgehend Linien gezeichnet. Ihr Schnittpunkt ist der Ort des Mondes. Jetzt kann die Entfernung zum Mond einfach mit dem Lineal ausgemessen werden.

Wie viele Kilometer einem Zentimeter auf der Skizze entsprechen, lässt sich aus dem gewählten Radius der Erde auf der Zeichnung und dem „wirklichen" Erdradius, der rund 6400 km beträgt, bestimmen. Wurde beispielsweise für den Radius der Erde 1,0 cm gewählt, dann entspricht 1 cm genau 6400 km. Aber aufgepasst! Bei dieser Größe der Erde wird ein großes Blatt Papier von ca. 70 cm Länge benötigt, da der Mond rund 60 Erdradien entfernt ist. Beim Konstruieren wird beeindruckend gut deutlich, wie sehr eine kleine Veränderung einer der Winkel eine große Änderung des Abstands von der Erde zum Mond nach sich zieht. Mein 11-jähriger Sohn hat trotz seiner sehr sorgfältigen Konstruktion auf einem Blatt Papier ca. 40.000 km zu niedrig gelegen. Etwas besser geht es mit Geometrie-Software. Und natürlich lässt sich das alles nicht nur geometrisch konstruieren, sondern auch berechnen.[6] Dann ergeben sich mit den historischen Daten von 1752 (siehe oben) für den Abstand vom Erdmittelpunkt zum Mond rund 68 Erdradien. Verglichen mit heutigen Messungen zeigt sich eine Abweichung von rund acht Erdradien.

Das Beispiel von Verne zeigt: Liegen Angaben zu Unsicherheiten vor, dann helfen diese, eine eigene Abschätzung von deren Bedeutung und Einflüssen zu machen und so zu „guten" Schlüssen zu kommen. In Jules Vernes Roman soll auf Basis u. a. dieser Entfernungsangabe ein Geschoss mit drei Astronauten und zwei Hunden zum Mond geschickt werden. Lesen Sie in *Von der Erde zum Mond* nach, wie gut das gelingt, und in *Reise um den Mond,* was die Weltraumreisenden alles erleben.

---

[6] Leifi Physik, Joachim Herz Stiftung: https://www.leifiphysik.de/astronomie/sternbeobachtung/ausblick/mondentfernung-durch-triangulation.

Das Beispiel zeigt aber auch, dass Verne – trotz der kleinen angenommenen Unsicherheit von 70 Meilen – aus heutiger Sicht mit 4500 Meilen Abweichung deutlich mit seinem Wert vom Abstand Erde–Mond danebenlag. Er wähnte sich in falscher Sicherheit. Offensichtlich muss es im Berechnungsverfahren Einflüsse gegeben haben, die zu der großen Abweichung zum heutigen Wert geführt haben. Eine Quelle dieser Unsicherheit ist die Messung des Winkels, wenn der Mond angepeilt wird. Hier haben schon sehr kleine Schwankungen enorme Auswirkungen auf das Ergebnis (siehe Infokasten „Parallaxen-Methode"). Deshalb ist die Bestimmung der Unsicherheiten zentral für die Einschätzung eines Ergebnisses.

Um Unsicherheiten bestimmen zu können, muss zunächst klar sein, ob es reicht, einmal zu messen, oder ob mehrere Messungen notwendig sind. In beiden Fällen erhalten wir einen gemessenen Ergebniswert, und es wird jeweils ein Verfahren benötigt, um die Unsicherheit *mit einer Zahl* zu bestimmen. Das ist in vielen Fällen sehr wichtig, da damit das Ausmaß – und nicht "bloß" die Existenz – der Unsicherheiten klar wird. Wie das im Einzelnen funktioniert, erfahren Sie in den nächsten Abschnitten.

Einmal messen, bitte!

Im letzten Kapitel ging es bereits um Vorstellungen von Laien zum ein- und mehrmaligen Messen. Es wurde unter anderem die Frage aufgeworfen, wie oft ich meine Reaktionszeit messen sollte und wie ich die erhaltenen Daten auswerte. Diese Gedanken möchte ich nun wieder aufgreifen.

Bei vielen Messungen im Alltag reicht es aus, eine (physikalische) Größe einmal zu messen. Wenn ich zum Beispiel sichergehen möchte, dass ein neu gekaufter Schrank durch die Tür passt oder dass das Gewicht des

Gepäcks für die Flugreise das zulässige Höchstgewicht nicht überschreitet, dann messe ich nur einmal. Sicherlich schwanken auch hier die Daten bei wiederholter Messung vielleicht etwas. Der Schrank bzw. das Holz dehnt sich je nach Temperatur im Zimmer leicht aus oder zieht sich zusammen, das Fluggepäck ist vielleicht geringfügig anders auf der Waage abgelegt und kann dadurch etwas andere Werte erzeugen. Aber diese Änderungen sind (1) nicht relevant, da sehr klein, oder sie können (2) von meinem Messgerät gar nicht gemessen werden. Mit einem handelsüblichen Zollstock lässt sich beispielsweise eine Änderung der Ausdehnung, die kleiner ist als 1 mm, gar nicht vernünftig messen. Deshalb spielt die Güte eines Messgeräts eine entscheidende Rolle dabei, wie präzise und richtig die Messung wird.

Grundsätzlich gilt, dass die Güte eines Messinstruments durch folgende Unsicherheiten bestimmt wird:

1. *Auflösung der Skala.* Das ist der Abstand zwischen zwei nebeneinanderliegenden Teilstrichen. Eine Uhr, auf deren Ziffernblatt Einteilungen für jede Sekunde markiert sind, bestimmt durch diese Einteilung die Ableseunsicherheit (Abb. 7.2). Zwischen zwei Teilstrichen kann nicht gut abgelesen werden. Etwas Analoges gilt für digitale Uhren mit Zahlenanzeigen und ohne Skalen. Die letzte angegebene Ziffer kann in der Regel um eine Stelle schwanken und bestimmt die Unsicherheit beim Ablesen.

2. *Linearität der Skala.* Unsicherheiten können dadurch entstehen, dass z. B. auf einem Ziffernblatt die Abstände zwischen zwei nebeneinanderliegenden Sekundeneinteilungen nicht überall genau gleich sind. Dann ist die Skala nicht linear. Dies passiert ebenfalls, wenn das digitale Messinstrument die Ziffern nicht gleichmäßig hochzählt.

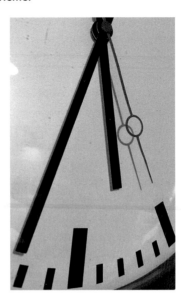

Abb. 7.2 Ziffernblatt einer Uhr mit einer Skala, auf der Sekunden, Minuten und Stunden abgelesen werden können. Auf dem Bild führt der schräge Blick auf das Ziffernblatt allerdings zu Abweichungen (vergleiche den Sekundenzeiger und seinen Schatten). Es ist deshalb besser, beim Ablesen der Uhr senkrecht auf das Ziffernblatt zu schauen

3. *Kalibrierung.* Beim Kalibrieren werden in einem ersten Schritt die Messungen eines Geräts mit denen eines anderen Geräts – dem Normal – verglichen, um so Abweichungen festzustellen. Diese Abweichungen werden dann in einem zweiten Schritt zur Korrektur des gemessenen Ergebniswerts berücksichtigt. Das ist z. B. der Fall, wenn ich Zeitmessungen mit meiner Uhr mit denen einer offiziellen Zeitansage vergleiche und feststelle, dass meine Uhr immer etwas zu schnell oder zu langsam ist, und dies bei der nächsten Messung berücksichtige. Oder ich vergleiche die Ergebnisse für die Messung der Luftfeuchtigkeit und Temperatur von drei baugleichen Messinstrumenten

Abb. 7.3 Messung von Luftfeuchtigkeit (in %) und Temperatur (in °C) mit drei baugleichen Messinstrumenten, die bedingt durch den Fertigungsprozess verschiedene Ergebniswerte anzeigen. Die Fertigungstoleranzen (festgelegte obere und untere Grenzen in den angezeigten Werten auf dem Display, die noch zulässig sind) erlauben verschiedene gemessene Ergebniswerte innerhalb bestimmter Grenzen

(Abb. 7.3) mit einem Referenzgerät. Dann kann ich für jedes der Geräte eine unterschiedliche Kalibrierung vornehmen. Oft schließt sich dem Kalibrieren ein Justieren an, indem versucht wird, die festgestellte Abweichung zu verkleinern, etwa wenn ich eine Küchenwaage vor der Nutzung auf null stelle. Streng genommen muss ich dann eine erneute Kalibrierung vornehmen. Eichung ist übrigens etwas anderes: Bei einer Eichung werden Messgeräte amtlich daraufhin geprüft, ob sie nach dem Gesetz bestimmte Unsicherheitsgrenzen überschreiten oder nicht. Das Ergebnis einer Eichprüfung ist entweder *bestanden* oder *nicht bestanden*. Auch Eichungen begegnen uns im täglichen Leben, z. B. bei Zapfsäulen von Tankstellen (Abb. 7.4), Waagen in Lebensmittelläden, Taxametern bei Taxis, Gas-, Strom- und Wasserzählern im Haushalt, Abgasmessgeräten beim TÜV und Geräten zur Geschwindigkeitsüberwachung der Polizei. Hier sorgt der Gesetzgeber dafür, dass genau genug gemessen wird (z. B. beim Kauf von 62,15 l Diesel oder 1,5 kg Tomaten im Laden). Das ist eine sehr hilfreiche Serviceleistung des Staates, die uns eine Prüfung der Qualität von Messinstrumenten des Alltags abnimmt.

Abb. 7.4 Eichplakette an der Zapfsäule einer Tankstelle. Der Staat sorgt durch Eichungen von Messgeräten dafür, dass diese den richtigen Wert anzeigen

Ist die Güte des Messgeräts bekannt, kann mit den durch (1) bis (3) entstandenen Unsicherheiten das Ergebnis durch den Messwert (z. B. die Zeit 182 s) und die gesamte absolute Unsicherheit (z. B. 2 s) angegeben werden, beispielsweise in der Form $t = 182$ s ± 2 s.

Anhand dieser Darstellung lässt sich verdeutlichen, dass es in der Regel sinnvoll ist, *vor* einer Messung festzulegen, wie groß die Unsicherheit sein darf. Brauche ich das Ergebnis auf 1 min, 1 s, 0,1 s oder 0,01 s genau? Denn dies bestimmt die Auswahl des passenden Messgeräts, die *danach* erfolgt.

Das ist im Alltag mitunter recht einfach. Messungen mit dem Zollstock erzeugen nach (1) bis (3) Unsicherheiten für Längen, die für fast alle Messprozesse im Haushalt klein genug sind. Unter den handelsüblichen Zollstöcken ist die Genauigkeitsklasse III (vgl. die III in einem Oval in Abb. 7.5) weit verbreitet. Das heißt, dass sie bei Längen bis zu einem Meter eine Unsicherheit von 1 mm haben, bei Längen bis zu zwei Metern sind es 1,4 mm.[7] Für den Hausgebrauch ist es oft kein Problem, wenn eine Messung eine Unsicherheit von sogar 5 mm hat, da das Ziel der Messung, zu prüfen, ob ein Schrank in eine Lücke passt, eine Unsicherheit von 1 cm meistens zulässt.

---

[7] Wikipedia: https://de.wikipedia.org/wiki/Gliedermaßstab.

Abb. 7.5 Ein handelsüblicher 2-m-Zollstock der Genauigkeits-klasse III (gekennzeichnet durch eine III in einem Oval). Mit diesem lassen sich Strecken bis zu 1 m mit 1,0 mm Unsicherheit messen. Bei Strecken über 1 m und unter 2 m liegt die Unsicher-heit bei 1,4 mm

Das heißt, immer wenn die Schwankungen der Messgröße kleiner sind als die Unsicherheit des Mess-geräts, dann reicht in der Regel eine einmalige Messung. Das lässt sich häufig schon beim Messen erkennen, z. B. wenn ich die Breite eines Schranks mit dem Zollstock messe. In anderen Fällen lässt sich das nur durch weitere Messungen überprüfen. Ergibt beispielsweise eine Wieder-holungsmessung mit einem Flüssigkeitsthermometer die gleiche Körpertemperatur, dann scheint es zu genügen, einmal zu messen. Ergeben sich aber andere Werte, z. B. wenn ich ein Infrarotthermometer zum Fiebermessen ver-wende, dann sind wiederholte Messungen angebracht.

Nachdem hier gezeigt wurde, wie beim einmaligen Messen die Unsicherheit der Messung aus der Güte des Messinstruments bestimmt werden kann, geht es im Folgenden darum, Unsicherheiten für wiederholte Messungen zu bestimmen.

Nochmal das Gleiche, bitte!

Wenn zufällige oder nicht-zufällige Schwankungen bei einer Messung auftreten, muss eine Größe mehr-mals gemessen werden, da eine einzige Messung unter Umständen nicht repräsentativ für alle möglichen Ergeb-nisse ist. In Kap. 5 hatten wir z. B. gesehen, dass die Bestimmung der Reaktionszeit nur sinnvoll mit mehreren Messungen erfolgen kann. Dabei können zwei Fälle unterschieden werden: 1. mehrfache Messungen einer

Größe unter unterschiedlichen Bedingungen oder mit unterschiedlichen Messinstrumenten und 2. mehrfache Messungen einer Größe unter gleichen Bedingungen und mit dem gleichen Messinstrument.

(1) *Mehrfache Messungen einer Größe unter unterschiedlichen Bedingungen oder mit unterschiedlichen Messinstrumenten*

Ist Ihnen auch schon aufgefallen, dass in Nachrichten über Veranstaltungen wie Demonstrationen die von Polizei und Veranstalter genannte Anzahl der Teilnehmer und Teilnehmerinnen sehr unterschiedlich sein kann? Ursache hierfür sind unterschiedliche Vorgehensweisen für die Bestimmung der gleichen zu messenden Größe: in diesem Fall führen die unterschiedlichen Herangehensweisen zu unterschiedlichen Ergebnissen für die gesuchte Größe „Anzahl an Besucherinnen und Besuchern". Ähnliches tritt auch auf, wenn Entfernungsangaben unterschiedlicher Routenplaner miteinander verglichen werden. Start und Ziel sind gleich. Die unterschiedlichen Ergebnisse resultieren aus verschiedenen Berechnungsverfahren.

> Werden *unterschiedliche Verfahren* zur Messung oder Abschätzung der *gleichen Größe* verwendet, so können auch *unterschiedliche Ergebnisse* resultieren.

Es kann aber auch das Verfahren gleich sein, die Bedingungen, unter denen gemessen wurde, haben sich jedoch geändert. Messe ich z. B. meine Laufzeit für 10 km mit dem gleichen Messverfahren zu unterschiedlichen Zeiten, dann erhalte ich ebenfalls unterschiedliche Ergebnisse. Denn die Ergebnisse hängen von meiner Fitness ab, z. B. vom Trainingszustand, der Tageszeit, ob ich ausgeschlafen bin usw. Diese Einflüsse stellen unterschiedliche Bedingungen bei der Messung dar.

Werden *gleiche Verfahren* zur Messung der *gleichen Größe* unter *unterschiedlichen Bedingungen* verwendet, so können auch *unterschiedliche Ergebnisse* resultieren.

In naturwissenschaftlichen Messungen werden unterschiedliche Messverfahren für die gleiche Größe unter gleichen Bedingungen zum einen z. B. verwendet, um Messverfahren oder Messinstrumente miteinander zu vergleichen, wie oben beim Kalibrieren beschrieben wurde. Zum anderen messen manchmal verschiedene Forschergruppen an unterschiedlichen Orten ein und dieselbe Größe wie etwa die Hubble-Konstante zur Beschreibung der Expansion des Universums (Kap. 6). Hier können unterschiedliche Messverfahren der gleichen Größe zur gegenseitigen Kontrolle und zum Vergleichen von Ergebnissen dienen.

Ferner wird auch mit gleichen Verfahren zur Messung der gleichen Größe unter unterschiedlichen Bedingungen gearbeitet. Dabei müssen variierende Bedingungen genau beschrieben werden. Sinnvoll ist z. B., dass die Bedingungen sich nur in genau einer Größe unterscheiden, die zudem noch gemessen werden kann.[8] Sonst ist nämlich keine Aussage darüber möglich, welche Änderung der Bedingung nun zu einer Änderung des Ergebnisses geführt hat.

Stellen Sie ich beispielsweise vor, sie stehen auf einem Berg und haben für Ihr Trinkwasser eine elastische Plastikflasche dabei. Nachdem Sie alles ausgetrunken haben verschließen Sie nun die leere Flasche mit dem Deckel, stecken diese tief in den Rucksack und machen sich auf den Rückweg. Wenn Sie zurück ins Tal abgestiegen sind, können Sie feststellen, dass die Flasche „eingeknautscht"

---

[8] Dies wird auch als Variablenkontrollstrategie bezeichnet.

ist: Das Volumen ist kleiner geworden, was daran liegt, dass der Luftdruck im Tal größer ist als auf dem Berg. Folglich wird die Flasche zusammengedrückt. Soll dieses Phänomen gemessen werden, dann wird die Bedingung „Luftdruck" variiert (also schrittweise geändert) und zusätzlich gemessen, wie sich dabei das Volumen der Flasche ändert. Ich könnte also zum Beispiel jeweils nach abgestiegenen 100 Höhenmetern das Volumen der Flasche erneut bestimmen. Wichtig ist, dass sich möglichst keine weiteren Größen zusätzlich ändern. So sollte z. B. die Temperatur gleichbleiben. Denn sonst ist nicht klar, welche der Größen – der Luftdruck oder die Temperatur – den Effekt (die Verringerung des Volumens) verursacht hat. Im Fall der Temperatur ist es sogar so, dass eine höhere Temperatur bei gleichem Druck das Volumen vergrößert. Das kann gut beobachtet werden, wenn ein Schokokuss in der Mikrowelle erhitzt wird.

(2) Mehrfache Messungen einer Größe unter gleichen Bedingungen mit dem gleichen Messinstrument

Auf den ersten Blick erscheint es unnötig, mehrmals unter gleichen Bedingungen mit dem gleichen Verfahren das Gleiche zu messen. Warum soll etwas anderes dabei herauskommen? Wenn ich z. B. dreimal direkt nacheinander die Temperatur meines Badewassers mit dem Badethermometer messe, erhalte ich dreimal das gleiche Ergebnis. Genauso könnte es auch noch sein, wenn ich die Breite meines Wohnzimmers mehrmals mit einem Zollstock auf 1 cm genau ausmesse. Aber wenn ich z. B. die Temperatur einer Kerzenflamme mit einem empfindlichen Thermometer mehrmals messe, kommt tatsächlich nicht immer das Gleiche heraus; ebenso, wenn ich mehrfach hintereinander die Breite meines Wohnzimmers mit einem Laser-Entfernungsmesser bestimme.

In vielen Messverfahren gibt es Störgrößen, die nicht bekannt sind oder nicht mitgemessen werden können und zu *zufälligen* Schwankungen führen.

Solche Störgrößen können bei physikalischen Experimenten z. B. leichte Temperatur- oder Luftdruckveränderungen sowie ein leichter Luftzug im Raum, kleine Längen- oder Volumenänderungen, Quellen natürlicher radioaktiver oder elektromagnetischer Strahlung („Radiowellen", „Handy-Strahlung"), Erschütterung oder Schwingungen im Gebäude sowie irgendwelche anderen unbekannten Einflüsse sein. Deshalb können die Messbedingungen unbemerkt leicht schwanken, z. B. weil sich die Kerzenflamme leicht bei der Messung bewegt oder weil nicht exakt an der gleichen Stelle die Breite des Raumes gemessen wird. Ein Messgerät mit großer Unsicherheit registriert das gar nicht. Anders ist das jedoch bei empfindlicheren Geräten. Ein Laser-Entfernungsmesser mit einer Unsicherheit von 1 mm ist z. B. in der Lage, Schwankungen in dieser Größenordnung festzustellen.

Es gibt also Messsituationen, bei denen zufällige Schwankungen dafür sorgen, dass Messergebnisse unterschiedlich sind. In diesen Fällen ist es wichtig, mehrfach zu messen. Denn die Stärke der Schwankungen bestimmt die Unsicherheit. Deshalb blicken wir zunächst auf eine genauere Beschreibung der Schwankung, damit wir aus dieser dann mit einer Zahl die Unsicherheit einer Messung bestimmen können.

Nicht immer bekommt jeder das Gleiche

Es gibt wiederholte Messungen, die zu unterschiedlichen Resultaten führen. Das Ergebnis einer solchen Datenaufnahme wird als *Verteilung* bezeichnet und kann in Diagrammen grafisch dargestellt werden.

Abb. 7.6 Wie viel ist eigentlich eine Prise Salz?

In meiner Arbeitsgruppe wollten wir schon immer mal wissen, wie viel eine Prise Salz ist (Abb. 7.6). Schließlich taucht diese Mengenangabe in vielen Kochbüchern auf. Laut Duden ist eine Prise eine kleine Menge einer pulverigen oder feinkörnigen Substanz, die jemand zwischen zwei oder drei Fingern fassen kann.[9] Doch was heißt das in Gramm?

Um diese Frage zu beantworten, haben wir spaßeshalber 45 Personen gebeten, aus einem Salzgefäß die Menge „eine Prise Salz" zu entnehmen und auf eine Waage zu legen.[10] Das Ergebnis ist in Abb. 7.7 dargestellt. Auf der horizontalen Achse sind die Massen für eine Prise Salz in Gramm so aufgetragen, dass es zwischen 0 g und 1,00 g, zwischen 1,00 g und 2,00 g sowie zwischen 2,00 g und 3,00 g jeweils zehn Einteilungen (Klassen) gibt. Jede Messung wird einer solchen Klasse zugeordnet, 0,85 g z. B. der Klasse aller Massen zwischen 0,80 g und 0,90 g. Durch dieses Verfahren können Messwerte sehr übersichtlich in „Schubladen" gesteckt werden.

---

[9] Duden: https://www.duden.de/rechtschreibung/Prise.
[10] Priemer, B., Schulz, J. & Mayer, S. (2021). Wie viel ist eine Prise Salz? Plus Lucis, 4/2021, 39-41.

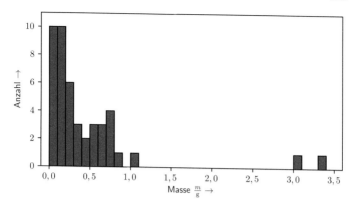

Abb. 7.7 Messung einer Prise Salz von 45 unterschiedlichen Personen, die je eine Messung durchgeführt haben. Auf der horizontalen Achse sind die abgewogenen Massen in Bereichen (von 0 bis 0,10 g, von 0,10 g bis 0,20 g, von 0,20 g bis 0,30 g usw.) dargestellt, auf der vertikalen Achse ist angegeben, wie viele Personen eine bestimmte Masse pro Bereich abgewogen haben

Auf der vertikalen Achse wird angegeben, wie viele Messungen in jeder Klasse gezählt wurden. Es ist z. B. zu erkennen, dass die meisten Probanden (insgesamt 20 Personen, die beiden hohen Balken links) Werte zwischen 0 g und 0,20 g hatten und dass zwei Personen mehr als drei Gramm auf die Waage gelegt haben (sie haben einen kleinen Löffel verwendet). Niemand hat eine Prise mit zwei Gramm abgeliefert. Es fällt auf, dass die Darstellung der Verteilung in Abb. 7.7 „gezackt" und unsymmetrisch ist. Vom höchsten Wert aus gesehen fällt die Verteilung abrupt auf null ab, in Richtung größerer Massen geht die Verteilung steil herunter, steigt nochmal an und flacht dann unregelmäßig ab. Solche unsymmetrischen Verteilungen kommen nicht selten vor, sind aber mitunter mathematisch schwer zu beschreiben.

Zum Glück sind die Verteilungen, die uns in den Naturwissenschaften und manchmal auch im Alltag

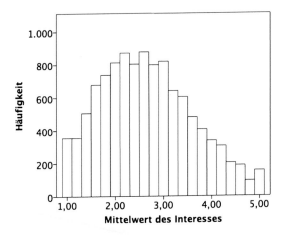

Abb. 7.8 Das Interesse von rund 11.000 Schülerinnen und Schülern an einem physikalischen Thema skaliert von 1 (sehr hoch) bis 5 (sehr gering). Auf der horizontalen Achse ist die Stärke des Interesses dargestellt, auf der vertikalen Achse ist angegeben, wie viel Personen ein bestimmtes Interessenniveau haben[12]

begegnen, vielfach etwas weniger komplex. In Abb. 7.8 ist eine Verteilung dargestellt, die auf einer Befragung von Personen beruht. Über 10.000 Schülerinnen bzw. Schüler haben ihr Interesse an einem physikalischen Thema auf einer Skala von 1 (sehr hoch) bis 5 (sehr gering) angegeben.[11] Diese Verteilung hat zwei nah beieinander liegende Spitzenwerte (bei ca. 2,5 – also ein

---

[11] Daten aus Priemer, B., Menzl, C., Hagos, F., Musold, W. & Schulz, J. (2018). Das situationale epistemische Interesse an physikalischen Themen von Mädchen und Jungen nach dem Besuch eines Schülerlabors. Zeitschrift für Didaktik der Naturwissenschaften. https://doi.org/10.1007/s40573-018-0073-z.

[12] Abb. aus Priemer, B., Menzl, C., Hagos, F., Musold, W. & Schulz, J. (2018). Das situationale epistemische Interesse an physikalischen Themen von Mädchen und Jungen nach dem Besuch eines Schülerlabors. Zeitschrift für Didaktik der Naturwissenschaften. https://doi.org/10.1007/s40573-018-0073-z.

mittleres Interesse) und flacht nach beiden Seiten in etwa gleich ab. Das heißt, die meisten Schüler haben ein mittleres Interesse an physikalischen Themen, die Anzahl an Schülerninnen und Schülern mit sehr großem und sehr geringem Interesse ist deutlich kleiner.

Solche einigermaßen symmetrischen Verteilungen lassen sich ganz gut auswerten.

Zahlen, bitte!

Natürlich lassen sich Verteilungen nicht nur mithilfe einer grafischen Darstellung, sondern auch mathematisch beschreiben. Das ist für unser Ziel, die Unsicherheit einer Messung mit einer Zahl bzw. mit einem Wert zu bestimmen, wichtig.

Eine erste Größe zur Beschreibung einer Verteilung ist der Mittelwert. Bei der Prise Salz ergab sich bei uns ein Mittelwert von 0,32 g, also rund 1/3 g. Hätten Sie richtig gelegen, wenn Sie hätten schätzen müssen? Die meisten unserer Befragten – auch gute Köche –, die wir vor der Wägung nach einer Schätzung befragt hatten, gaben weitaus höhere Werte an, deutlich über 1 g. Andere Quellen nennen wieder andere Werte für eine Prise Salz: Nach Wikipedia[13] erhält man 0,8 g, und der Salzhersteller „Bad Reichenhaller"[14] beziffert die Prise auf 0,4 g. Offensichtlich gibt es bei unterschiedlichen Referenzen sehr unterschiedliche Angaben. Ein Vergleich dieser Angaben einer Prise Salz – ob sie einander widersprechen oder *miteinander verträglich,* also im Einklang sind – kann nur mit Angabe von Unsicherheiten erfolgen (Kap. 8). Eine sehr gute Köchin – die mühelos und hervorragend genau 250 g

---

[13] Wikipedia: https://de.wikipedia.org/wiki/Prise_(Maßeinheit).

[14] Südwestdeutsche Salzwerke AG, Bad Reichenhaller: https://www.bad-reichenhaller.de/de/salzwissen.html.

Abb. 7.9 Mengenangabe auf einer Verpackung von Süßwaren. Wie viel, bitte schön, ist eine kleine Handvoll?

Mehl ohne Messgerät abschätzen kann – hat mir allerdings gesagt, dass es für sie uninteressant ist, wie viel Gramm eine Prise Salz ist. Sie entnimmt eine Prise nach Gefühl und würde nie auf die Idee kommen, solche Mengen Salz abzuwiegen. Eine ähnlich diffuse Mengenangabe wie die Prise Salz ist die lustige Bezeichnung von *einer kleinen Handvoll*, die ich auf Verpackungen von Süßwaren gefunden habe (siehe Abb. 7.9).

Wenngleich der Mittelwert einer Verteilung wichtig ist, sagt er jedoch nichts darüber aus, wie breit die Verteilung ist. Mit anderen Worten: Zwei Verteilungen, die sehr unterschiedlich aussehen, weil die eine zum Beispiel breit und die andere schmal ist, können den gleichen Mittelwert haben (siehe Abb. 7.10). Das ist wichtig, denn die Breite der Verteilung hat – wie wir sehen werden – einen Einfluss auf die Unsicherheit der Messung.

Die Daten in Abb. 7.10 stammen aus dem folgenden fiktiven Beispiel: In zwei verschiedenen Schulklassen mit jeweils 34 Schülerinnen bzw. Schülern wurde die gleiche Klassenarbeit geschrieben. Abb. 7.10 stellt den Notenspiegel für beide Lerngruppen dar. Der Mittelwert für *beide* Schulklassen ist etwa 3,1. Auch wenn es streng

Anzahl der Schüler

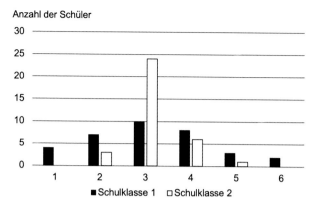

Abb. 7.10 Die Notenverteilungen zweier fiktiver Schulkassen mit den gleichen Mittelwerten, aber unterschiedlicher Streuung

genommen nicht zulässig ist, über Noten Mittelwerte zu bilden, tun wir das hier trotzdem.[15] Denn das Beispiel verdeutlicht auf sehr anschauliche Weise, wie unterschiedlich breit zwei Verteilungen mit gleichem Mittelwert aussehen können. Während bei Schulklasse 2 die Noten 1 und 6 gar nicht auftauchen, wurden diese in Schulklasse 1 vergeben. Andererseits gibt es in Schulklasse 1 deutlich weniger mit 3 benotete Arbeiten als in Schulklasse 2.

Um derartige Unterschiede zu berücksichtigen, verwendet man zur mathematischen Beschreibung von Verteilungen Größen, die die Breite der Verteilung erfassen. Diese werden als Streumaße bezeichnet, da sie die Streuung (oder auch Schwankung) beschreiben. Zwei einfache Streumaße sind die *Spannweite* und die *größte Abweichung vom Mittelwert* (zu weiteren Streumaßen siehe Infokasten „Weitere Streumaße"):

---

[15] Das Bilden eines Mittelwertes setzt voraus, dass die Abstände zwischen zwei Notenstufen immer genau gleich sind. Das ist bei der Notengebung aber nicht immer der Fall.

1. *Die Spannweite.* Das ist der Zahlenbereich vom kleinsten zum größten gemessenen Wert. Für den Notenspiegel von Schulklasse 1 ist dies von 1 bis 6, in Schulklasse 2 von 2 bis 5. Bei der Prise Salz reicht die Spannweite von 0,04 g bis 1,06 g, wenn wir die beiden „Ausreißer" um die 3 g weglassen (vgl. Abb. 7.7).

2. *Die größte Abweichung vom Mittelwert.* Dieser Wert wird berechnet, indem zunächst der Mittelwert bestimmt wird. Dann wird der Abstand vom Mittelwert zu allen gemessenen Werten berechnet, indem jeweils die Differenz gebildet wird (bei negativen Ergebnissen wird das Vorzeichen ignoriert). Von diesen Ergebnissen wird dann der größte Wert genommen. Im Beispiel der Klassenarbeit, in dem beide Schulklassen den gleichen Mittelwert haben, beträgt die größte Abweichung vom Mittelwert für Klasse 1 rund 2,9, für Klasse 2 mit 1,9 deutlich weniger. Bei der Prise Salz beträgt die größte Abweichung vom Mittelwert 0,74 g.

Weitere Streumaße

Die Quartile und deren Abstände. Zur Bestimmung der Quartile werden alle Messwerte zunächst der Größe nach geordnet aufgeschrieben. Es gibt nun ein oberes und ein unteres Quartil. Für das obere Quartil gilt: ¼ aller Werte liegt oberhalb dieser Zahl, für das untere Quartil gilt: ¼ aller Werte liegt unterhalb dieser Zahl. Folglich liegen 50 % der Werte zwischen unterem und oberem Quartil.

Für das Beispiel der Prise Salz gilt: Das untere Quartil liegt bei 0,11 g. Das heißt, dass ¼ aller Werte (Messungen einer Prise Salz) unterhalb von 0,11 g liegt. Das obere Quartil liegt bei 0,56 g. Das heißt, dass ¼ aller Werte oberhalb von 0,56 g liegt. Die Hälfte aller Werte liegt also zwischen 0,11 g und 0,56 g.

Die Standardabweichung einer Verteilung. Diese beschreibt im Prinzip eine mittlere Abweichung aller Messwerte vom Mittelwert. Die Standardabweichung einer Verteilung wird in den Naturwissenschaften häufig verwendet, weil sie bei symmetrischen Verteilungen wie in Abb. 7.8 – genauer gesagt bei sogenannten Normalverteilungen – die Eigenschaft hat, dass etwa 68 % der Messwerte im Zahlenbereich Mittelwert ± Standardabweichung liegen. Im Beispiel von Abb. 7.8 beträgt die Standardabweichung 0,95, also fast einen ganzen Schritt auf der Interessensskala, die von 1 (sehr hoch) bis 5 (sehr gering) reicht. Das heißt, dass etwa 68 % der Schüler und Schülerinnen ein Interesse zwischen 1,5 (hoch bis ziemlich hoch) und 3,5 (teils-teils bis wenig) angegeben haben.

Die Standardabweichung des Mittelwerts. Diese berechnet sich aus der Standardabweichung einer Verteilung und der Anzahl an Messungen und ist ein häufig verwendetes Maß in den Naturwissenschaften, um die Unsicherheit eines Messergebnisses anzugeben. Im Beispiel von Abb. 7.8 beträgt der Mittelwert 2,66 und die Standardabweichung des Mittelwerts 0,01. Das heißt, dass die Unsicherheit des Mittelwertes recht klein ist.

Damit haben wir zwei mögliche Größen zur Beschreibung der Breite einer Verteilung festgelegt, auf deren Grundlage wir nun die Unsicherheit einer Messung (also z. B. der Prise Salz) beschreiben können. Bevor wir das tun, möchte ich ergänzend an dieser Stelle noch darauf hinweisen, dass es mathematische Größen gibt, die bestimmen, welche Qualität der Mittelwert einer Reihe von Messungen hat (siehe Standardabweichung des Mittelwerts im Infokasten „Weitere Streumaße"). Dem liegt die Idee zugrunde, dass man bei jedem wiederholten Messen – und dem Ausrechnen eines Mittelwertes – irgendwann aufhören muss. Es gibt immer nur eine begrenzte Anzahl an Messungen.

Wie viel wert ist mein Mittelwert?

Die Anzahl der Messungen bestimmt die Qualität des daraus berechneten Mittelwertes. Ich kann z. B. 100 zufällig ausgewählte Schülerinnen in Deutschland nach ihrem Interesse an einem physikalischen Thema befragen und den Mittelwert bilden. Dieser Mittelwert wird sich in der Regel von dem Mittelwert aller Schülerinnen in

Deutschland – der sogenannten Grundgesamtheit – unterscheiden. Führe ich das Verfahren mit 1.000 zufällig ausgewählten Schülerinnen durch, so wird sich immer noch ein Unterschied zum Mittelwert der Grundgesamtheit ergeben, allerdings dürfte dieser kleiner geworden sein. Für 10.000 Schülerinnen wird es noch besser usw. Wenn ich alle Schülerinnen in Deutschland befrage, ist der Unterschied natürlich null. Allgemein gilt, dass die durchschnittliche Abweichung des Mittelwertes einer Stichprobe vom Mittelwert einer Grundgesamtheit mithilfe der Verteilung der Stichprobe und der Größe der Stichprobe abgeschätzt werden kann.[16] Dabei gilt: Je kleiner die Schwankung innerhalb der Stichprobe und je größer der Umfang der Stichprobe ist, desto besser ist die Schätzung des Mittelwerts.

Konfidenzintervalle[17]

In der PISA-Studie sollte die Lesekompetenz (gemessen mit einer Punktzahl) von Schülerinnen und Schülern in Deutschland (Grundgesamtheit) bestimmt werden. Eine Größe, die mathematisch die Qualität des Mittelwertes einer Stichprobe (z. B. die mittlere Lesekompetenz von Teilnehmerinnen und Teilnehmern der PISA-Studie) bestimmt, ist das sogenannte Konfidenzintervall. Das Konfidenzintervall ist ein Zahlenbereich, der den Mittelwert der Stichprobe enthält.

Dieser Zahlenbereich drückt Folgendes aus: Wird eine Größe mehrfach mit verschiedenen Stichproben bestimmt, dann erhält man für jede dieser Stichproben einen eigenen Mittelwert. Das x %-Konfidenzintervall *einer* Stichprobe wird nun nach einem mathematischen Verfahren gebildet, indem man um den Mittelwert dieser Stichprobe einen Zahlenbereich (Intervall) legt, sodass gilt: Wenn ich das Ganze 100 mal durchführe, also 100 verschiedene Stichproben zufällig ziehe und 100 verschiedene Mittelwerte sowie 100 verschiedene Zahlenbereiche (nach dem gleichen

---

[16] Wir nehmen hier an, dass das Interesse normalverteilt ist und daher eine glockenförmige Verteilung (wie etwa in Abb. 8.8) vorliegt.

[17] Wird auch Vertrauensbereich genannt.

Verfahren) berechne, dann enthalten x der Zahlenbereiche den Mittelwert der Grundgesamtheit.

Bei der zufällig gezogenen repräsentativen Stichprobe der PISA-Studie ergab sich für die teilnehmenden Mädchen ein Mittelwert der Lesekompetenz von 518 Punkten und ein 95 %-Konfidenzintervall von 515 bis 521 Punkten.[18] Ein 95 %-Konfidenzintervall bedeutet in diesem Beispiel: Wenn 100 Stichproben von Schülerinnen in Deutschland zufällig gezogen werden, an diesem Test teilnehmen und dann für die 100 Mittelwerte der Stichproben jeweils ein Konfidenzintervall um diese herum berechnet wird, dann liegt der Mittelwert der Gesamtheit (die Lesekompetenz von Mädchen in Deutschland) in 95 von den 100 Fällen in dem berechneten Konfidenzintervall. Für die PISA-Stichprobe kann man also annehmen, dass der Bereich von 515 bis 521 Punkten eine 95 %-ige Wahrscheinlichkeit hat, zu den Konfidenzintervallen zu gehören, die den Mittelwert der Lesekompetenz von Mädchen in Deutschland enthalten. Die Berechnung des Konfidenzintervalls erfolgt mit mathematischen Methoden auf Basis der ausgewerteten Tests mit der einmaligen Stichprobe der teilnehmenden Schülerinnen.[19] Für Jungen gilt: Der Mittelwert der Lesekompetenz der Jungen in der Stichprobe lag bei 478 Punkten, das 95 %-Konfidenzintervall im Zahlenbereich von 471 bis 485 Punkten. Konfidenzintervalle können aber auch sehr groß sein: Beispielsweise wurde die Population der Schweinswale im Winter in der Nordsee mit einem Mittelwert von 10.958 und einem 95 %-Konfidenzintervall von 5.535 bis 23.910 Individuen bestimmt.[20] Das ist eine sehr große Spanne für die Schätzung der Anzahl an Schweinswalen, die auf große Unsicherheiten bei den Messungen schließen lassen.

---

[18] Daten von Seite 307 aus Tachtsoglou, S. & König, J. (2016). Schätzer und Konfidenzintervalle, Statistik für Erziehungswissenschaftlerinnen und Erziehungswissenschaftler, Wiesbaden: Springer VS., pp. 277–315. https://doi.org/10.1007/978-3-658-13437-2_11.

[19] Voraussetzung ist, dass die Stichprobe normalverteilt ist. Die Grenzen des Konfidenzintervalls ergeben sich dann rechnerisch aus dem Mittelwert der Stichprobe und der Standardabweichung des Mittelwerts.

[20] Daten entnommen aus dem SAMBAH-Projekt: https://www.sambah.org/SAMBAH-Final-Report-FINAL-for-website-April-2017.pdf

Schwankungen streuen Unsicherheit

Nach diesen Überlegungen sind wir endlich am Ziel: Wenn eine Messung mehrfach durchgeführt wird, kann der Mittelwert als Ergebniswert der Messung verwendet werden. Ferner wird die Streuung herangezogen, um die Unsicherheit und damit den Unsicherheitsbereich zu beschreiben. Die Wahl eines geeigneten Streumaßes bleibt im Prinzip jedem selbst überlassen und hängt vom Ziel der Messung ab. In den Naturwissenschaften hat man sich auf bestimmte Standards geeinigt, damit nicht jeder andere Verfahren verwendet und die Ergebnisse dann nicht mehr gut vergleichbar sind. Vielfach werden z. B. die Standardabweichung der Verteilung und insbesondere die Standardabweichung des Mittelwerts (siehe Infokasten „Weitere Streumaße") verwendet, um Unsicherheiten anzugeben.

Wir können uns hier auf das einfachere Verfahren beschränken und die Unsicherheit durch die größte Abweichung vom Mittelwert bestimmen. Das ist ein ganz schön „pessimistisches" Verfahren. Denn die extremen Werte, die einen großen Abstand vom Mittelwert haben, aber nur sehr selten auftreten, bekommen ein starkes Gewicht. Bei der Prise Salz hat z. B. der nur einmal auftretende Wert von 1,062 g zu einer beträchtlichen größten Abweichung vom Mittelwert von 1,026 g geführt. Der Vorteil ist aber, dass man sich dieses Streumaß sehr gut vorstellen und es leicht berechnen kann.

Die Prise Salz dient hier natürlich nur als Beispiel – das Vorgehen lässt sich auf jede beliebige Messung anwenden.

Die Unterschiede in den gewählten Streumaßen bestehen darin, dass die daraus resultierenden Unsicherheitsbereiche verschiedene Wahrscheinlichkeit haben, die zu messende Größe zu enthalten. Unser einfaches Verfahren erzeugt – wie erwähnt – zwar vergleichsweise große

Unsicherheitsbereiche, dafür können wir bei ausreichend großer Anzahl an Messungen recht sicher sein, dass unser Zielwert tatsächlich enthalten ist.

***

Die Kenntnis der Unsicherheitsbereiche bei einfachen oder mehrfachen Messungen ist notwendig, um die Qualität der Messung zu beschreiben. Nur so kann nämlich überhaupt erst entschieden werden, ob z. B. ein Grenzwert – wie eine maximal zulässige Geschwindigkeit oder der erlaubte Stickstoffoxidanteil in der Luft – über- oder unterschritten wurde. Des Weiteren wird mit der Betrachtung der Unsicherheitsbereiche erst die Möglichkeit geschaffen, zwei Messungen sinnvoll miteinander zu vergleichen: Sind beispielsweise die Lesekompetenzen von Mädchen tatsächlich besser als die von Jungen? Es reicht nicht aus, einfach nur die Mittelwerte der Testergebnisse von Mädchen und Jungen zu vergleichen und nach der größeren Zahl zu sehen. Denn die Mittelwerte könnten so große Unsicherheiten haben, dass gar nicht auf einen Unterschied der Leistungen geschlossen werden kann. Im nächsten Kapitel wird gezeigt, wie solche Vergleiche gemacht und damit derartige Fragen beantwortet werden können, um im Alltag und in der Wissenschaft fruchtbare Konsequenzen ziehen und Entscheidungen treffen zu können.

Darüber hinaus blicken wir auf die Situation, wenn *kein* Vergleichswert für unsere Messung vorhanden ist und wir vermuten, dass unsere Messung nicht wirklich „richtig" (vgl. Kap. 3) ist. Dann wissen wir nämlich nicht wirklich, wie weit das Ergebnis vom Zielwert der Messung entfernt liegt: Wir stehen im Dunklen.

Zusammenfassung

- Bei einigen Messungen sind die Schwankungen so klein, dass sie von einem Messgerät nicht erfasst werden. Dann reicht es aus, nur ein Mal zu messen, denn es ergibt sich immer nur ein und derselbe Wert. Es gibt aber Messungen, da treten Schwankungen auf: Ein und dasselbe Messverfahren führt zu unterschiedlichen Ergebnissen. In diesem Fall sind in der Regel mehrfache Messungen notwendig, aus denen sich dann ein Gesamtergebnis errechnen lässt.

- Das Ergebnis einer mehrfachen Messung kann zum einen in grafischen Diagrammen dargestellt werden, die die Form der Verteilung sehr gut zeigen, z. B. als Messwerte oder Messwertklassen mit deren Häufigkeiten. Zum anderen können mehrfache Messungen durch einen Mittelwert sowie durch Streumaße mathematisch ausgewertet werden. Letztere ordnen der Stärke der Schwankung der Messwerte eine Zahl zu.

- Bei einmaligem Messen kann die Unsicherheit aus der Güte des Messinstruments bestimmt werden. Bei mehrfachem Messen kann die Unsicherheit durch ein Streumaß beschrieben werden. Damit kann aus beiden Verfahren ein Maß für die Güte der Messung bestimmt werden.

8

Latte gerissen? Messergebnisse vergleichen

Wie können Sie erkennen, ob ein Messwert mit Unsicherheiten einen Grenzwert überschritten hat oder nicht? Wie lassen sich zwei Messungen mit ihren Unsicherheiten vergleichen? Was ist eine Dunkelziffer, was eine systematische Abweichung?

An einem wunderschönen Septembertag fuhr ich gemeinsam mit meinen beiden Kindern in unserem VW-Bus von Berlin an die Müritz. Die Sonne schien. Es war bestes Badewetter und wir freuten uns, als wir endlich von der Autobahn abfahren konnten. Jetzt noch schnell das kleine Stück Wegstrecke auf der B192 nach Waren und dann ab ins Wasser. Schließlich nahte der Herbst und vielleicht war es bereits das letzte sommerliche Wochenende mit Badetemperaturen. Plötzlich fegte ein Blitz mitten über die Straße. „Papa? Was war das?" Fluchend schimpfe ich: „Mist, eine Verkehrskontrolle, ich bin zu schnell gefahren!" Sofort fing eines der Kinder an zu weinen. „Och nee", denke ich, „was ist denn jetzt los?"

B. Priemer, *Unsicherheiten, aber sicher!*,
https://doi.org/10.1007/978-3-662-63990-0_8

Vom Kindersitz auf der Rückbank war keine verständliche Antwort zu hören, nur klägliches Schluchzen. Ich hielt an, nahm das Kind in meine Arme und fragte in beruhigendem Ton, was los sei. „Ich will nicht, dass du ins Gefängnis kommst!" Überrascht stand ich da und wusste nicht, ob ich weinen oder lachen sollte. „Da hat die Verkehrserziehung aber gut funktioniert", dachte ich bei mir, sagte aber: „Quatsch – das kostet nur etwas Geld. Ich bekomme eine Strafe, so etwa wie eine Woche lang keine Gummibärchen. Das ist zwar blöd, aber nicht schlimm."

Wenn ich „geblitzt" werde, versuche ich schnell und überschlagsartig abzuschätzen, wie groß der „Schaden" ist. Dazu nehme ich die erinnerte Geschwindigkeit, die mir der Tachometer angezeigt hat, und ziehe rund 5 km/h ab. Denn in der Regel sind die Tachometer so eingestellt, dass sie zu viel anzeigen, also eine systematische Abweichung nach oben haben. Der Gesetzgeber schreibt nämlich vor, dass Tachometer zwar mehr als die tatsächliche Geschwindigkeit anzeigen dürfen, aber nie zu wenig. Dann ziehe ich nochmal rund 5 km/h ab, denn die Messgeräte der Polizei (Abb. 8.1) sind auch nicht perfekt, was glücklicherweise bei der Festsetzung des Bußgelds berücksichtigt wird. Also ist die Geschwindigkeit in dieser groben Überschlagsrechnung etwa 10 km/h weniger gewesen als auf den ersten Schreck vermutet – das fühlt sich beruhigend an.

Aber wie kann das etwas besser abgeschätzt werden? Bei einer Verkehrskontrolle wird die Unsicherheit der gemessenen Geschwindigkeit berücksichtigt (Abb. 8.2). Dazu wird eine Toleranz angegeben, die aussagt, dass die gemessene Geschwindigkeit bei Berücksichtigung von Messunsicherheiten praktisch mit Sicherheit in einem bestimmten Bereich um den gemessenen Wert liegt. Für „typische Blitzer" liegt bei Geschwindigkeiten unter 100 km/h diese Toleranz bei 3 km/h, bei Geschwindig-

Abb. 8.1 Eine statische automatische Verkehrsüberwachungs-lange – umgangssprachlich auch „Blitzer genannt" – misst die Geschwindigkeit mit einer Unsicherheit

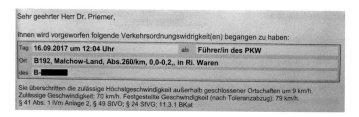

Sehr geehrter Herr Dr. Priemer,

Ihnen wird vorgeworfen folgende Verkehrsordnungswidrigkeit(en) begangen zu haben:

Tag	16.09.2017 um 12:04 Uhr	als	Führer/in des PKW
Ort	B192, Malchow-Land, Abs.260/km, 0,0-0,2,, in Ri. Waren
des	B-

Sie überschritten die zulässige Höchstgeschwindigkeit außerhalb geschlossener Ortschaften um 9 km/h. Zulässige Geschwindigkeit: 70 km/h. Festgestellte Geschwindigkeit (nach Toleranzabzug): 79 km/h. § 41 Abs. 1 iVm Anlage 2, § 49 StVO; § 24 StVG; 11.3.1 BKat

Abb. 8.2 Mein „Strafzettel" für zu schnelles Fahren. Mess-unsicherheiten werden durch einen sogenannten Toleranz-abzug berücksichtigt, in diesem Fall liegt dieser bei 3 km/h. Das bedeutet, dass die von mir gefahrene Geschwindigkeit mit Sicherheit größer oder gleich 79 km/h war

keiten über 100 km/h bei 3 % des gemessenen Wertes.[1] Gemessen wurde bei mir 82 km/h mit einer Toleranz von 3 km/h, sodass sich eine Geschwindigkeit von mindestens

---

[1] Bundesministerium der Justiz und für Verbraucherschutz: https://www.gesetze-im-internet.de/bkatv_2013/index.html.

79 km/h ergibt. Das waren 9 km/h mehr als die zulässige Höchstgeschwindigkeit.[2]

Messwerte an Grenzen und Schranken

Habe ich die zulässige Höchstgeschwindigkeit überschritten? Liegt das Gewicht des Gepäcks beim Fliegen unterhalb der zulässigen Grenze? Liegt der Stickstoffdioxidanteil der Luft an einer Straße oberhalb eines Grenzwerts? In verschiedenen Situationen ist es wichtig zu wissen, ob ein Messwert eine bestimmte Schwelle erreicht oder nicht. Dazu muss beurteilt werden, inwiefern aus Messungen heraus geschlossen werden kann, dass ein Grenzwert tatsächlich überschritten wurde oder nicht. Das ist wiederum nur möglich, wenn die Unsicherheit der Messung angegeben ist. Denn nur dann können wir erkennen, ob ein Grenzwert bei Berücksichtigung der Unsicherheiten übertroffen wurde, also tatsächlich etwa die zulässige Höchstgeschwindigkeit überschritten wurde.

Zur Erinnerung: Es gibt unterschiedliche Möglichkeiten, Unsicherheitsbereiche festzulegen. Ein Unsicherheitsbereich hat in den verschiedenen Möglichkeiten eine bestimmte Wahrscheinlichkeit, den zu messende Wert zu enthalten (Kap. 7). Nur wenn die maximal möglichen Unsicherheiten – Toleranzen – berücksichtigt werden, liegt der zu messende Wert wirklich im Unsicherheitsbereich.

Ein Grenzwert gilt immer dann als über- bzw. unterschritten, wenn dieser Wert nicht im Unsicherheitsbereich der Messung liegt.

Wenn z. B. die Höchstgeschwindigkeit 100 km/h beträgt (vorgegebener Grenzwert) und der „Blitzer" 103 km/h

---

[2] Im Oktober 2017 betrug das Bußgeld in meinem Fall EUR 10,-.

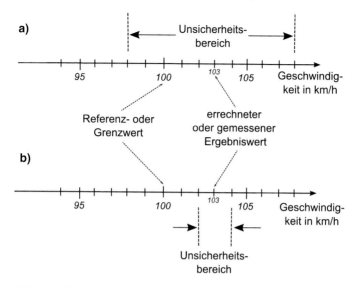

Abb. 8.3 Ein Messwert von 103 km/h mit zwei verschiedenen Unsicherheitsbereichen. Der Grenzwert von 100 km/h liegt in einem Fall im Unsicherheitsbereich (a) und im anderen Fall außerhalb (b)

misst, dann möchte ich als betroffener Autofahrer auch wissen, wie unsicher die Messung ist und ob ein Bußgeld wirklich gerechtfertigt ist. Hätte die Geschwindigkeitsmessung eine Toleranz von 5 km/h (Abb. 8.3 a), dann könnte nämlich nicht auf Fehlverhalten meinerseits geschlossen werden. Denn dann läge der Grenzwert von 100 km/h innerhalb des Unsicherheitsbereichs von 103 km/h ± 5 km/h. Dann wäre nicht sicher, dass ich zu schnell war. Läge die Toleranz unter 1 km/h (Abb. 8.3 b), sähe es anders aus.

Wer hat recht? Mehrere Messungen und deren Verträglichkeit

Neben dem Vergleich einer Messung mit einem Grenz- oder Referenzwert tritt häufig auch der Fall auf, dass zwei Mess-

werte miteinander verglichen werden sollen. Wenn etwa
zwei verschiedene Verfahren verwendet werden, um ein und
dieselbe Größe zu messen, dann stellt sich die Frage: Führen
beide Verfahren zum gleichen Ergebnis bzw. – in der Fach-
sprache ausgedrückt – sind beide Messungen miteinander
verträglich?

Dazu folgendes fiktives Beispiel: Die Polizei schätzt die
Teilnehmer- bzw. Teilnehmerinnenzahl einer Demonstration auf 13.000, während die Veranstalter von 17.000
Besucherinnen bzw. Besuchern sprechen. Ganz offensichtlich sind das sehr unterschiedliche Zahlen. Da wir aber
wissen, dass bei wiederholten Messungen oder Messungen
mit verschiedenen Verfahren durchaus unterschiedliche
Ergebnisse herauskommen können (siehe Kap. 7), bleibt
die Frage offen, ob die Werte nicht auch beide „passen"
könnten, also miteinander verträglich sind.

Bei der Schätzung von Teilnehmer- bzw. Teilnehmerinnenzahlen wird in der Regel folgende Methode

Abb. 8.4 Ein Konzert in der Waldbühne in Berlin. Schätzen Sie,
wie viele Personen auf dem Bild zu sehen sind. Wie (un)sicher
sind Sie?

verwendet: Zunächst wird die von den Personen insgesamt eingenommene Fläche (in m^2) abgeschätzt. Bei einem Konzert kann dies mithilfe einer Vermessung des Veranstaltungsorts geschehen (Abb. 8.4), bei einer Demonstration können dafür z. B. die Breiten der Straßen sowie deren Längen herangezogen werden, durch die ein Demonstrationszug gerade läuft. Dann wird für verschiedene Stellen die Anzahl der Personen pro m^2 geschätzt. Das lässt sich ganz gut durch Erfahrungen und Beobachtungen auf kleinem Raum feststellen. Mit diesen Angaben wird dann auf die gesamte Fläche hochgerechnet. Warum kommen dann Veranstalter und Polizei bei Demonstrationen oft zu unterschiedlichen Resultaten? Weil für die Abschätzung der Gesamtfläche, die durch alle Personen eingenommen wird, sowie für die der Anzahl der Menschen, die auf $1\,m^2$ passen, unterschiedliche Werte angenommen werden können. Gehen wir in einem einfachen Fall davon aus, dass eine Demonstration von den Veranstaltern mit einer Länge von 1000 m und einer Straßenbreite von 10 m (also 10.000 m^2 Fläche) sowie mit 3 Personen pro m^2 abgeschätzt wurde. Dann ergeben sich 30.000 Menschen. Wird jedoch etwas zurückhaltender die Länge der Demonstration auf nur 800 m bei gleicher Straßenbreite (also 8000 m^2) und die Anzahl der Personen pro m^2 auf geringere 2,5 geschätzt, folgt eine Anzahl von 20.000 Menschen, also 10.000 Personen weniger als im ersten Fall. Es zeigt sich damit sehr deutlich, dass die angenommenen Werte - die Unsicherheiten haben - für die abgeschätzte Fläche und die Personendichte für sehr unterschiedliche Resultate sorgen können.

Die Frage, ob die Schätzungen der Teilnehmer- bzw. Teilnehmerinnenzahlen etwa von der Polizei und von einem Veranstalter miteinander verträglich sind, lässt sich nur beantworten, wenn die Unsicherheiten der beiden Verfahren vorliegen. Wir gehen der Einfachheit halber im

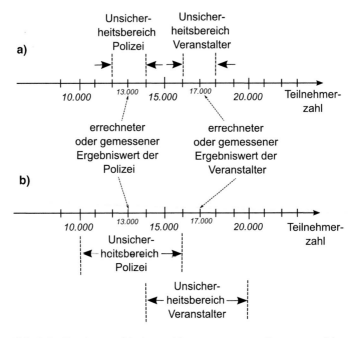

Abb. 8.5 Zwei verschiedene Messungen von Personenzahlen mit unterschiedlichen Unsicherheitsbereichen. Sie sind dann miteinander verträglich, wenn sich die Unsicherheitsbereiche überschneiden (wie in b)

Folgenden davon aus, dass Polizei und Veranstalter „ehrlich" messen möchten, also nicht – wie vielleicht in der Praxis üblich – die Personenzahl den eigenen Interessen folgend möglichst hoch oder niedrig erscheinen lassen wollen.

Wird die Personenzahl in beiden Verfahren auf 1000 Personen genau ermittelt, dann hat die Angabe der Polizei den Wert 13.000 ± 1000, das anzunehmende Ergebnis liegt also zwischen 12.000 und 14.000. Für die Veranstalter gilt analog 16.000 bis 18.000. Offensichtlich sind beide Ergebnisse *nicht* miteinander verträglich, denn es gibt keine Personenzahl, die in beiden Unsicherheitsbereichen liegt (Abb. 8.5 a). Läge die Unsicherheit beider Verfahren bei 3000 Personen, dann ergäben sich für die Unsicherheitsbereiche von Polizei 10.000 bis 16.000 und für die Veranstalter von 14.000 bis 20.000. Jetzt wären die beiden Messungen miteinander verträglich, denn es gibt Personenzahlen, die zu beiden Messungen passen, wie z. B. 15.000 (Abb. 8.5 b).

Wir sind in diesem Beispiel davon ausgegangen, dass die Teilnehmer- bzw. Teilnehmerinnenzahl der Demonstration mit Sicherheit in den jeweiligen Unsicherheitsbereichen liegt. Die Unsicherheitsbereiche stellen also maximal mögliche Unsicherheiten dar. In vielen Messsituationen lässt sich das aber nicht erreichen, sodass die Unsicherheitsbereiche dann eine bestimmte Wahrscheinlichkeit haben, den zu messenden Wert *nicht* zu enthalten (siehe Infokasten „Unsichere Unsicherheitsbereiche").

Unsichere Unsicherheitsbereiche

Werden etwa mehrere Messungen von der Polizei an verschiedenen Orten gemacht und der Mittelwert gebildet (z. B. eine mittlere Personenzahl der Polizei von 13.000), dann kann für einen Unsicherheitsbereich (z. B. Mittelwert ± Unsicherheit = 13.000 ± 1500) angegeben werden, welche Wahrscheinlichkeit (z. B. 95 %) dieser hat, den zu messenden Wert (die Teilnehmerinnen bzw. Teilnehmer der Demonstration) enthalten. Diese Wahrscheinlichkeit muss nicht unbedingt immer 100 % sein wie in unserem Beispiel zuvor. In manchen Situationen werden 95 % oder 70 % verwendet. Das heißt aber im Umkehrschluss, dass eine Restwahrscheinlichkeit von 5 % bzw. 30 % dafür bleibt, dass ein Unsicherheitsbereich vorliegt, der die Personenzahl *nicht* enthält. Diese liegt also außerhalb des Unsicherheitsbereichs. Das Gleiche gilt natürlich auch für die Messung der Veranstalter (z. B. 17.000 ± 1500). Der Unsicherheitsbereich der Polizei und der Unsicherheitsbereich der Veranstalter überschneiden sich z. B. nicht, wenn diese

13.000 ± 1500 bzw. 17.000 ± 1500 sind und beide Unsicherheitsbereiche eine Wahrscheinlichkeit von 95 % haben,
die Personenzahl zu enthalten. In diesem Fall sind beide
Messungen also unverträglich. Allerdings können wir dabei
nicht zu 100 % sicher sein, denn für beide Messungen –
die der Polizei und die des Veranstalters – bleibt eine
Wahrscheinlichkeit von jeweils 5 %, dass die berechneten
Unsicherheitsbereiche die Personenzahl nicht enthalten.
Deshalb könnten wir uns auch in der Folgerung irren, die
beiden Messungen seien unverträglich.

Bei gleicher Datenlage können mit unterschiedlich festgelegten Unsicherheitsbereichen zwei Messungen mal verträglich sein – die Unsicherheitsbereiche überschneiden
sich – und mal nicht. Das klingt widersprüchlich, ist es am
Ende aber deshalb nicht, da man bei verschiedenen Fest-
legungen der Unsicherheitsbereiche auch unterschiedliche
Eigenschaften von Verträglichkeit zugrunde legt.

Gut verträgliche Messungen

Das Beispiel der Bestimmung von Personenzahlen mit
einem Vergleich von zwei verschiedenen Messergebnissen,
die jeweils eine Unsicherheit haben, lässt sich verallgemeinern:

Zwei oder mehr Messwerte sind dann miteinander *verträglich*, wenn sich ihre Unsicherheitsbereiche überschneiden.
Unsicherheitsbereiche können verschiedene Wahrscheinlichkeiten haben, den zu messenden Wert zu enthalten. Bei
100 % ist es sicher, dass der zu messende Wert enthalten
ist. Bei 95 % bleibt eine Wahrscheinlichkeit von 5 %,
einen Unsicherheitsbereich gewählt zu haben, der den zu
messenden Wert nicht enthält.

Dazu ein einfaches Beispiel: Liegen die Ergebnisse der
Längenmessungen zweier Gegenstände nah beieinander,
Länge $l_1 = 13$ cm und $l_2 = 14$ cm, und wurden Messver-
fahren mit großen Unsicherheiten verwendet, in beiden
Fällen z. B. 1 cm, so sind die Ergebnisse miteinander

verträglich. Obwohl also die Zahlenwerte 13 cm und 14 cm verschieden sind, führt die Unsicherheit der Messung von jeweils 1 cm dazu, dass die Messungen verträglich sind: Die Messergebnisse sind salopp gesagt so ähnlich, dass sie als übereinstimmend bewertet werden müssen. Viele Leute machen das intuitiv so, wenn sie etwa die Höhe eines Raumes mit dem Zollstock messen. Da wird alles ± 1 cm um den gemessenen Ergebniswert als gleich bewertet.

Kann ich hingegen die Längen der gleichen Gegenstände mit kleineren Unsicherheiten – z. B. mit einem Messschieber – messen, also z. B. $l_1 = 13{,}0$ cm $\pm 0{,}1$ cm und $l_2 = 14{,}0$ cm $\pm 0{,}1$ cm, so sind die Messergebnisse nicht mehr miteinander verträglich, da sich die Unsicherheitsintervalle nun nicht mehr überschneiden. Nun kann ich sagen, dass beide Längen messbar verschieden sind.

Finden Mädchen physikalische Themen weniger interessant als Jungen?

Einige Menschen sind davon überzeugt, dass Jungen mehr Interesse für Physik haben als Mädchen. Und tatsächlich, Studien[3] zu dieser Frage zeigen, dass Jungen das Fach Physik interessanter einschätzen als Mädchen. Aber vielleicht hat das eher mit dem *Schulfach* Physik zu tun als mit den *Themen* der Physik? Um zur Beantwortung dieser Frage beizutragen, haben Kolleginnen sowie Kollegen und ich über 10.000 Schüler und Schülerinnen von der ersten bis zur dreizehnten Klassenstufe zu ihrem momentanen Interesse an einem physikalischen Thema nach der Teilnahme an einem

---

[3] Siehe z. B. auf Seite 115 in Bergmann, A. (2020). Mathematisch-naturwissenschaftliches Fachinteresse durch Profilunterricht fördern – Theoriebasierte Evaluation eines Thüringer Schulversuchs in der Sekundarstufe I, Diss. Universität Leipzig. https://core.ac.uk/download/pdf/327084835.pdf.

Schülerprojekt bei uns an der Universität befragt.[4] Das Ergebnis ist in Abb. 8.6 dargestellt.

Das Interesse ist in beiden Diagrammen (Abb. 8.6 a und b) auf der horizontalen Achse von 1 (sehr hoch) bis 5 (sehr gering) angegeben, die vertikale Achse zeigt die Anzahl der Personen. Vergleicht man nur die Mittelwerte von Jungen (2,70) und Mädchen (2,62), dann finden wir einen höheren Zahlenwert bei den Jungen – also sogar ein geringeres Interesse als bei den Mädchen (kleinere Zahlwerte bedeuten ein hohes, hohe Werte ein geringes Interesse). Ziehen wir die Standardabweichung als Streumaß für beide Verteilungen heran und nehmen wir diese für die Abschätzung der Unsicherheit, dann sind die Ergebnisse von Jungen und Mädchen miteinander verträglich.[5] Denn nun können wir die Messungen des Interesses für Jungen mit $2,70 \pm 0,97$ und für die Mädchen mit $2,62 \pm 0,92$ beziffern. Offensichtlich überschneiden sich die Unsicherheitsintervalle. Es gibt also in unserer Studie keine bedeutsamen Unterschiede in dem momentanen Interesse an physikalischen Themen zwischen Mädchen und Jungen.

Weitere Beispiele zur Verträglichkeit werden im Infokasten „Verträglich oder nicht?" beschrieben.

---

[4] Priemer, B., Menzl, C., Hagos, F., Musold, W. & Schulz, J. (2018). Das situationale epistemische Interesse an physikalischen Themen von Mädchen und Jungen nach dem Besuch eines Schülerlabors. Zeitschrift für Didaktik der Naturwissenschaften. https://doi.org/10.1007/s40573-018-0073-z.

[5] Werden die Standardunsicherheiten der Mittelwerte für die Unsicherheiten herangezogen, dann sind die Messungen *nicht* miteinander verträglich. Dieses Ergebnis ergibt sich dem Sinn nach auch, wenn die Gruppenunterschiede mit anderen statistischen Verfahren wie dem Mann-Whitney-U-Test berechnet werden. Die Interessen zwischen Jungen und Mädchen sind nun zwar unterschiedlich, allerdings ist der Unterschied sehr klein. Beide Verfahren liefern also im Wesentlichen die gleichen Erkenntnisse.

a)

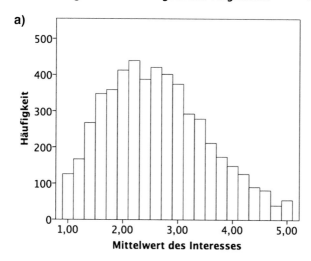

b)

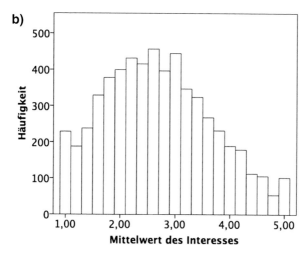

Abb. 8.6 Interesse von Mädchen **a** und Jungen **b** an einem physikalischen Thema skaliert von 1 (sehr hoch) bis 5 (sehr gering). Auf der horizontalen Achse ist die Stärke des Interesses dargestellt, auf der vertikalen Achse ist angegeben, wie viele Personen ein bestimmtes Interesse haben[6]

---

[6]Abb. aus Priemer, B., Menzl, C., Hagos, F., Musold, W. & Schulz, J. (2018). Das situationale epistemische Interesse an physikalischen Themen von Mädchen und Jungen nach dem Besuch eines Schülerlabors. Zeitschrift für Didaktik der Naturwissenschaften. https://doi.org/10.1007/s40573-018-0073-z.

Verträglich oder nicht?

Für die Prüfung, ob zwei Messungen miteinander verträglich sind oder nicht, gibt es zahlreiche Beispiele:[7]

1. *Fiebermessen.* Bei manchen Infrarotthermometern (Abb. 8.7) gibt es erstaunliche große Schwankungen, wenn man mehrfach direkt hintereinander misst. Das liegt in der Regel nicht daran, dass das Messgerät ungenau ist. Vielmehr ist es schwierig, den Messprozess „gut" durchzuführen, da sich kleine Veränderungen im Abstand zwischen Thermometer und z. B. dem Körper sowie der Stelle am Körper, an der gemessen wird, stark auswirken können. Sinnvoll wären hier mehrfache Messungen hintereinander und eine statistische Auswertung. Da das im Alltagsgebrauch etwas umständlich werden könnte, schätzen wir die Unsicherheit mit $\pm 1\,°C$ ab. Beim Messen der Körpertemperatur zum

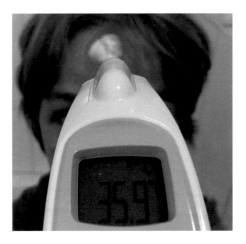

Abb. 8.7 Messung der Körpertemperatur mit einem handelsüblichen Infrarotthermometer. Die Werte mehrerer aufeinanderfolgender Messungen können erstaunlich stark schwanken

---

[7] Bei diesen Beispielen werden keine Aussagen darüber getroffen, inwiefern Unterschiede zwischen den Verteilungen signifikant sind oder nicht.

Zeitpunkt 1 ergibt sich z. B. eine Temperatur $T_1 = 35{,}9\,°C$ mit einer Unsicherheit von 1,0 °C, und zum Zeitpunkt 2 wird eine Temperatur $T_2 = 37{,}5\,°C$ mit einer Unsicherheit von 1,0 °C gemessen. Ist die Temperatur gestiegen? Die reinen Zahlenwerte sagen *ja,* denn 37,5 °C ist größer als 35,9 °C. Aber beide Werte sind unsicher: T_1 kann bei 35,9 °C ± 1,0 °C liegen, also zwischen 34,9 °C und 36,9 °C. T_2 kann zwischen 36,5 °C und 38,5 °C liegen. Diese beiden Bereiche überschneiden sich, die Messungen sind miteinander verträglich. Der Wert 36,7 °C liegt z. B. im Unsicherheitsbereich beider Messungen, hätte also bei beiden Messungen herauskommen können. Also kann man nicht zweifelsfrei sagen, dass die Temperatur gestiegen ist, denn die Genauigkeit des Thermometers mit ± 1,0 °C reicht nicht aus, um Unterschiede kleiner als 2,0 °C mit Sicherheit festzustellen.

2. *Lehrevaluation.* In jedem Semester wird durch eine Befragung der Studierenden mit Fragebögen die Qualität meiner Lehre aus Sicht der Teilnehmerinnen und Teilnehmer bestimmt. Bei meiner Lehrevaluation wird das Ergebnis der Befragung zur Bewertung meiner Vorlesung auch mit einer Unsicherheit (hier die Standardabweichung) angegeben. So lag „meine" Note (Gesamteindruck von dem Lehrenden in Schulnoten) für eine Vorlesung im Wintersemester 2017/2018 z. B. bei 1,18 ± 0,39. Ist das nun besonders gut? Um das zu beurteilen, fehlt ein Vergleichswert, z. B. das Ergebnis einer Kollegin bzw. eines Kollegen oder der durchschnittliche Wert aller anderen Lehrenden zusammen. Letzterer lag in dem gleichen Semester bei 2,05 ± 1,02. Ist meine Lehrveranstaltung nun besser bewertet worden als der Durchschnitt der anderen? Ein schneller Blick zeigt, dass mein Mittelwert „besser" ist. Da sich aber die Unsicherheitsintervalle überschneiden, trügt der Schein (leider), die Messungen sind miteinander verträglich. Meine Lehre war im Rahmen der Unsicherheiten – wenn diese durch die Standardabweichung bestimmt werden – nicht nachweislich besser als die der Kolleginnen und Kollegen.

3. *Infektionsgefahr.* In der sogenannten „Longitudinaluntersuchung über Corona-Infektionen und Corona-Immunitäten bei unterschiedlichen Mitarbeitergruppen der Deutschen Bahn Fernverkehr AG" wurden Ende Juni und Anfang Juli 2020 insgesamt 1073 Mitarbeitende

der DB auf SARS-CoV-2-Infektionen untersucht.[8] Mit der Untersuchung sollte herausgefunden werden, ob Zugbegleiter bzw. Zugbegleiterinnen einem höheren Infektionsrisiko ausgesetzt sind als andere Bahnmitarbeitende. Dabei ergaben sich für verschiedene Teilgruppen:

Bei den Zugbegleitern bzw. -begleiterinnen gab es 8 positive Antikörpertests von 623 Testteilnehmenden, was 1,28 % (mit einem 95 %-Konfidenzintervall von 0,40 bis 2,17) entspricht.

Bei den Triebfahrzeugführern bzw. -führerinnen gab es 6 positive Antikörpertests von 240 Testteilnehmenden, was 2,50 % (mit einem 95 %-Konfidenzintervall von 0,52 bis 4,48) entspricht.

Bei den Werkshandwerkern bzw. -handwerkerinnen gab es 6 positive Antikörpertests von 201 Testteilnehmenden, was 2,99 % (mit einem 95 %-Konfidenzintervall von 0,63 bis 5,34) entspricht.

Alle drei Konfidenzintervalle überschneiden sich, die Messungen sind miteinander verträglich. Das heißt, es kann anhand dieser Daten nicht davon ausgegangen werden, dass die drei Teilgruppen jeweils unterschiedlichen Grundgesamtheiten entstammen, die z. B. durch unterschiedliche Infektionsrisiken bestimmt sind. Es kann also aus diesen Ergebnissen heraus nicht gefolgert werden, dass Zugbegleiterinnen und -begleiter mehr Infektionen hatten als die anderen Mitarbeitenden der DB, was eine Vermutung gewesen war.[9]

4. *Lesekompetenz.* In der PISA-Studie von 2012 wurde festgestellt, dass die durchschnittliche Lesekompetenz von 15-jährigen Mädchen besser ist als die von gleichaltrigen Jungen. Denn die 95 %-Konfidenzintervalle (siehe Infokasten „Konfidenzintervalle" in Kap. 7) über-

---

[8] Longitudinaluntersuchung über Corona-Infektionen und Corona-Immunitäten bei unterschiedlichen Mitarbeitergruppen der Deutschen Bahn Fernverkehr AG, Kurzfassung des Epidemiologischen Studienberichts nach erster Testreihe, Epidemiologischer Kurzbericht Version 1.3 vom 04. SEP. 2020. Charité Research Organisation GmbH, Charitéplatz 1, 10117 Berlin.

[9] Inzwischen liegt ein Abschlussbericht von drei Testreihen mit insgesamt ähnlichen Ergebnissen vor: https://www.deutschebahn.com/resource/blo b/6189164/71597f5847cf1ebf9abf85e37ddf9a02/20210518-Download-Abschlussbericht-Charite-Studie-data.pdf.

schneiden sich nicht, die Messungen sind also nicht miteinander verträglich. Nun kann es theoretisch natürlich
so sein, dass der Mittelwert der Lesekompetenz z. B. für
die Jungen nicht im Konfidenzintervall liegt. Schließlich
kann das in 5 von 100 Stichproben passieren. Sehr wahr-
scheinlich ist das aber nicht. Für die Lesekompetenz
kann also angenommen werden, dass Jungen und
Mädchen verschiedenen Grundgesamtheiten entstammen. Das heißt, dass die Mädchen im Mittel bessere
Leseleistungen erbringen als die Jungen. Natürlich heißt
das nicht, dass alle Mädchen besser lesen können als alle
Jungen.

Bislang haben wir Verfahren betrachtet, um Unsicherheiten
von Messungen zu bestimmen. Dabei ging es in erster Linie
um die *Präzision* der Messung. Damit kann aber noch nicht
abgeschätzt werden, ob man trotz hoher Präzision vielleicht
doch ordentlich daneben liegt, also nicht *richtig* (im Sinne
von Kap. 3) gemessen hat. In Jules Vernes Fall betrug die
angegebene Unsicherheit für den Abstand von der Erde
zum Mond nur 70 Meilen, was nur rund 110 km sind. Das
ist recht präzise. Allerdings ist der aktuell bekannte Wert für
den Abstand von der Erde zum Mond um rund 7200 km
größer als der von Verne angegebene. Es ist offensichtlich,
dass in den Messungen, auf die sich Verne bezieht, aus
heutiger Sicht eine Verschiebung enthalten war. Irgendwelche Effekte haben zu einer systematischen Abweichung
in Richtung kleinerer Entfernungen geführt, die aber
damals nicht bekannt waren, also im Dunklen lagen.

Licht auf die Dunkelziffer

In den Medien taucht vielfach der Begriff der Dunkelziffer auf. Die Dunkelziffer häuslicher Gewalt ist beispielsweise groß. Was heißt das? Die Zahl der erfassten Fälle
häuslicher Gewalttaten (z. B. in einem Jahr) lässt sich
zählen, indem man die polizeilichen Anzeigen zugrunde

legt. So wurden z. B. in Deutschland im Jahr 2019 insgesamt 141.792 Straftaten von Gewalt in Partnerschaften erfasst.[10] Der ermittelte Ergebniswert der Zählung hat keine Unsicherheit. Allerdings kann natürlich der Zählprozess Unsicherheiten haben, da möglicherweise nicht bei allen polizeilichen Anzeigen tatsächlich eine Straftat zugrunde liegt, da Anzeigen wegen unvollständiger Daten ggf. nicht mitgezählt wurden oder weil Anzeigen versehentlich doppelt gezählt wurden. Diese Unsicherheiten im Zählprozess haben einen anderen Charakter als Unsicherheiten bei Messungen, da sie prinzipiell „behoben" werden könnten, wenngleich das praktisch kaum möglich ist.

Nun kann aber davon ausgegangen werden, dass eine beachtliche Anzahl an Fällen häuslicher Gewalt gar nicht erst zur Anzeige gebracht wird (aus den unterschiedlichsten Gründen).[11] Diese Zahl kann nicht direkt erhoben werden, daher wird sie Dunkelziffer genannt.

> Die *Dunkelziffer* ist eine Größe zur Angabe unbekannter Abweichungen, die in der Regel einen Einfluss in eine bestimmte Richtung – zu größeren oder kleineren Zahlen – haben. Sie kann – wenn überhaupt – anhand von Prognosen oder Messungen oft nur sehr grob abgeschätzt werden.

---

[10] Bundeskriminalamt, Partnerschaftsgewalt – Kriminalstatistische Auswertung: https://www.bka.de/DE/AktuelleInformationen/StatistikenLagebilder/Lagebilder/Partnerschaftsgewalt/partnerschaftsgewalt_node.html.

[11] Hostettler-Blunier, S., Raoussi, A., Johann, S., Ricklin, M., Klukowska-Rötzler, J., Utiger, S. Exadaktylos, A. & Brodmann Maeder, M. (2018). Häusliche Gewalt am Universitären Notfallzentrum Bern: eine retrospektive Analyse von 2006 bis 2016, Praxis – Schweizerische Rundschau für Medizin, Jg. 107, Heft 16, https://doi.org/10.1024/1661-8157/a003044.

Wenn etwas systematisch – also nicht zufällig – immer in eine bestimmte Richtung (zu niedrig oder zu hoch) abweicht, dann spricht man von einer *systematischen Abweichung.*

In einigen Fällen versucht man, etwas Licht ins Dunkel zu bekommen, indem eine (oft grob) geschätzte Zahl verwendet wird, z. B. auf Basis von Rückmeldungen von Beratungsinstitutionen oder Befragungen. Die europäische Grundrechteagentur hat 2014 in der Studie „Gewalt gegen Frauen. Eine EU-weite Erhebung" beispielsweise herausgefunden, dass eine von drei Frauen seit ihrem 15. Lebensjahr körperliche oder sexuelle Gewalt erlebt hat.[12] Andere Studien berichten, dass sogar jede zweite bis dritte Frau in ihrem Leben mindestens einmal von häuslicher Gewalt betroffen war.[13] Dunkelziffern können sehr groß sein und selbst große Unsicherheiten haben.

Systematische Abweichungen

Dunkelziffern beschreiben Abweichungen, deren Ausmaß weitgehend unbekannt ist. Es gibt aber auch Abweichungen, die im Hellen liegen, also gut quantifizierbar sind. Diese führen dann zu systematischen Effekten, z. B. wenn eine Küchenwaage nicht gut eingestellt (kalibriert) ist. Zeigt der Nullpunkt der Skala bei leerer Waage nicht genau auf null, sondern beispielsweise auf 20 g (Abb. 8.8), dann tritt eine Abweichung auf:

---

[12] European Union Agency for fundamental rights, Gewalt gegen Frauen: eine EU-weite Erhebung. Ergebnisse auf einen Blick: https://fra.europa.eu/de/publication/2014/gewalt-gegen-frauen-eine-eu-weite-erhebung-ergebnisse-auf-einen-blick. Inwiefern die in dieser Studie gezogene Stichprobe von 42.000 Frauen repräsentativ ist, kann ich nicht beurteilen.

[13] Todt, M,. Awe, M., Roesler, B., Germerott, T., Debertin, A. S. & Fieguth, A. (2016). Häusliche Gewalt – Daten, Fakten und Herausforderungen, Rechtsmedizin 26, 499–506, https://doi.org/10.1007/s00194-016-0126-x

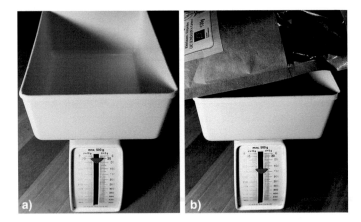

Abb. 8.8 Eine nicht kalibrierte Waage. Ist die Waage vor einer Messung nicht auf null gestellt, sondern zeigt z. B. 20 g an (a), dann treten systematische Abweichungen auf. Bei jeder Wägung ist dann das ermittelte Gewicht um 20 g zu hoch (b)

Bei jeder Messung für Mehl, Zucker usw. zeigt die Waage dann 20 g mehr an, als tatsächlich auf der Waage liegen. Beim Kochen bzw. Backen und bei 20 g Abweichung ist das vielleicht noch unproblematisch, denn man schmeckt die zusätzliche Menge Mehl bei einem Kuchen oder einem Brot nicht unbedingt heraus. Anders kann es aber sein, wenn die Abweichung noch größer wird oder etwa wenn Medikamente auf Basis solcher Wägungen hergestellt werden. Hier können schon geringfügig höhere oder niedrigere Dosierungen in der Menge der Inhaltsstoffe die Wirksamkeit des Mittels erheblich beeinflussen und Patienten ernsthaft in Gefahr bringen.

∗∗∗

Bislang haben wir weitgehend Größen betrachtet, die wir direkt messen können wie z. B. die Masse einer Prise Salz mit einer Waage oder die Höhe eines Schranks mit dem Zollstock. Es gibt jedoch auch Größen, die lassen sich nicht direkt erfassen bzw. eine Erfassung wäre sehr schwer oder sehr aufwendig. In diesem Kapitel war das z. B. die Anzahl der Teilnehmerinnen bzw. Teilnehmer einer Demonstration. Um diese zu bestimmen, können Strecken gemessen (Länge des Demonstrationszugs und Breite der Straße) sowie die Anzahl der Personen pro m^2 abgeschätzt werden. Aus diesen drei Größen wird dann indirekt per Rechnung auf die Personenzahl geschlossen. Wir haben gesehen, dass eine Unsicherheit in der Länge des Demonstrationszugs sowie in der Anzahl der Personen pro m^2 einen Einfluss auf die Unsicherheit der Anzahl der Teilnehmer bzw. Teilnehmerinnen der Demonstration hat. Die Unsicherheiten der Eingangsgrößen (z. B. die Länge des Demonstrationszugs) schlägt also auf die Unsicherheit der Ausgangsgröße (Anzahl der Personen der Demonstration) durch: Die Unsicherheiten pflanzen sich fort.

Im folgenden Kapitel wird gezeigt, wie die Fortpflanzung der Unsicherheiten im Detail aussieht. Dabei wird auch deutlich werden, welche Eingangsgröße (z. B. die Länge des Demonstrationszugs oder die Anzahl der Personen pro m^2) ihre Unsicherheit am stärksten weitergibt. Das ist wichtig, denn anhand dieser Information lässt sich erkennen, welche Unsicherheiten der Eingangsgrößen am ehesten verkleinert werden sollten, um die Unsicherheit der Ausgangsgröße zu verringern.

Zusammenfassung

- Ein Grenzwert gilt immer dann als über- bzw. unterschritten, wenn sein Wert nicht im Unsicherheitsbereich der Messung liegt.
- Zwei oder mehr Messwerte sind dann miteinander *verträglich*, wenn sich ihre Unsicherheitsbereiche überschneiden. Unsicherheitsbereiche können verschiedene Wahrscheinlichkeiten haben, den zu messenden Wert zu enthalten. Bei 100 % ist es sicher, dass der zu messende

Wert darin liegt. Bei 95 % bleibt eine Wahrscheinlichkeit von 5 %, einen Unsicherheitsbereich gewählt zu haben, der den zu messenden Wert *nicht* enthält.

- Die *Dunkelziffer* ist eine Größe zur Angabe unbekannter Abweichungen, die in der Regel einen Einfluss in eine bestimmte Richtung – zu größeren oder kleineren Zahlen – haben. Sie kann entweder gar nicht oder anhand von Prognosen oder Messungen nur sehr grob abgeschätzt werden.
- Wenn Messwerte systematisch – also nicht zufällig – immer in eine bestimmte Richtung (zu niedrig oder zu hoch) abweichen, dann spricht man von einer *systematischen Abweichung*.

9

Unsicherheiten sind fruchtbar und pflanzen sich fort

Was ist mit „Fortpflanzung von Unsicherheiten" gemeint? Wie wirken sich Unsicherheiten von einer Größe auf eine andere aus? Welche Unsicherheit überträgt sich am stärksten auf eine andere Größe?

Die Geschwindigkeit des Schalls ist eine interessante Größe, der Sie möglicherweise schon in Ihrem Alltag begegnet sind. Haben Sie schon mal die Entfernung eines Gewitters bestimmt oder ein Echo im Gebirge gehört? Beides hat mit der Schallgeschwindigkeit zu tun, ebenso wie die Funktionsweise der Einparkhilfe im Auto. Mit zwei Smartphones können Sie die Schallgeschwindigkeit übrigens ganz einfach selbst bestimmen. Alles, was Sie brauchen, sind ein Zollstock und eine akustische Stoppuhr, die auf beiden Smartphones installiert ist. Eine akustische Stoppuhr ist eine Stoppuhr, die sich durch Geräusche ein- und ausschalten lässt.[1]

---

[1] Eine solche akustische Stoppuhr ist z. B. in der kostenlosen App Phyphox (https://phyphox.org/de/home-de/) enthalten.

© Der/die Autor(en), exklusiv lizenziert durch Springer-Verlag GmbH, DE, ein Teil von Springer Nature 2022
B. Priemer, *Unsicherheiten, aber sicher!*,
https://doi.org/10.1007/978-3-662-63990-0_9

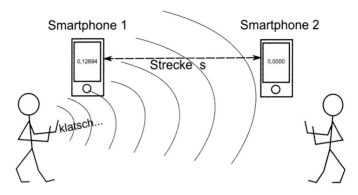

Abb. 9.1 So können Sie die Schallgeschwindigkeit mit zwei Smartphones und zweimaligem Klatschen bestimmen

Legen Sie beide Smartphones im Abstand von einigen Metern auf den Boden (siehe Abb. 9.1). Dann klatschen Sie direkt über dem ersten Smartphone in die Hände, damit beide Stoppuhren die Zeitmessung beginnen. Anschließend klatschen Sie direkt über dem zweiten Smartphone in die Hände, damit beide Stoppuhren die Zeitmessung wieder stoppen. Nun lesen Sie die Zeiten ab. Beide Werte sollten sich unterscheiden. Bilden Sie nun die Differenz der beiden Zeiten in Sekunden (größere Zeit minus kleinere Zeit) und teilen Sie abschließend das Zweifache des Abstands der beiden Smartphones durch die Differenz der beiden Zeiten:

$$Schallgeschwindigkeit = \frac{2 \cdot Abstand\ der\ Smartphones}{größere\ Zeit - kleinere\ Zeit}$$

Sie haben die Schallgeschwindigkeit in Meter pro Sekunde bestimmt (vgl. Infokasten „Messung der Schallgeschwindigkeit").[2]

---

[2] Diese Messmethode stammt von der RWTH Aachen, Phyphox (https://phyphox.org/de/home-de/): https://www.youtube.com/watch?v=-XSTRqhJ6MQ. siehe auch Staacks, S., Hütz, S., Heinke, H. et al. (2019). Simple Time-of-Flight Measurement of the Speed of Sound Using Smartphones, Phys. Teach. 57/ 112. https://doi.org/10.1119/1.5088474

Messung der Schallgeschwindigkeit

Mit dem ersten Klatschen wird zunächst die erste Stoppuhr gestartet, und dann zeitlich etwas verzögert, die zweite Stoppuhr. Diese Verzögerung rührt daher, dass der Schall etwas Zeit für das Durchlaufen der Strecke s zwischen den beiden Smartphones braucht. Für das zweite Klatschen, das die Uhren wieder stoppt, gilt genau das Gleiche. Wieder braucht der Schall etwas Zeit, um nun vom zweiten Smartphone zum ersten zu gelangen. Insgesamt hat der Schall in diesem Experiment dann die Strecke vom ersten Smartphone zum zweiten und danach die Strecke vom zweiten zum ersten Smartphone zurückgelegt: also 2 s.

Und wie funktioniert die Zeitmessung? Zum Zeitpunkt t_1 beginnt die erste Uhr mit der Zeitmessung (der Schall trifft am ersten Smartphone ein) und kurz danach (nachdem der Schall beim zweiten Smartphone angekommen ist) beginnt zum Zeitpunkt t_2 die zweite Uhr (siehe Abb. 9.2). Dann beendet die zweite Uhr zum Zeitpunkt t_3 (der Schall des zweiten Klatschens ist eingetroffen) die Zeitmessung und kurz danach (nachdem der Schall die Strecke vom zweiten zum ersten Smartphone zurückgelegt hat) die erste Uhr zum Zeitpunkt t_4. In der gemessenen Zeit der

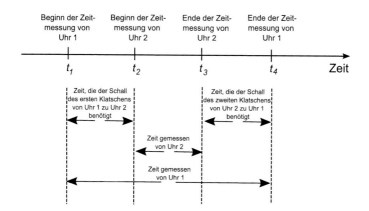

Abb. 9.2 Messung der Schallgeschwindigkeit mit zwei Smartphones. Dargestellt ist ein Zahlenstrahl mit den Zeiten, die das Ankommen des Schalls von zweimal Klatschen an den beiden Smartphones kennzeichnen

ersten Uhr läuft der Schall des ersten Klatschens von Smartphone 1 zum Smartphone 2 sowie der Schall des zweiten Klatschens von Smartphone 2 zum Smartphone 1. Zusätzlich enthält diese Zeit auch noch die „Wartezeit" zwischen dem Ankommen des ersten Klatschens am Smartphone 2 und dem Ankommen des zweiten Klatschens am Smartphone 2. Genau dies ist ja die Zeit, die die zweite Uhr misst. Deshalb können wir einfach von der gemessenen Zeit von Uhr 1 (z. B. 0,824 s)[3] die gemessene Zeit von Uhr 2 (z. B. 0,797 s) abziehen, um die Zeit zu erhalten, die der Schall für die zweifache Entfernung (z. B. 2 mal 5 m) zwischen den beiden Smartphones braucht (in unserem Beispiel 0,027 s). Die Geschwindigkeit v des Schalls ergibt sich dann als Quotient aus der durchlaufenen Strecke (10 m) und der dafür benötigten Zeit (0,027 s):

$$v = \frac{10m}{0,027s} \approx 370 \, m/s,$$

also etwa 1300 km/h

Unsicherheiten hinterlassen

Natürlich hängt die Präzision, mit der die Schallgeschwindigkeit bestimmt wird, davon ab, wie präzise wir die Zeiten und die Strecke gemessen haben. Mit anderen Worten: Die Unsicherheiten in den beiden Zeitmessungen mit den Smartphones und die Unsicherheit in der Messung der Entfernung zwischen den beiden Smartphones bestimmen auch die Unsicherheit der errechneten Schallgeschwindigkeit. Denn wenn wir z. B. die Entfernung nur grob abschätzen würden, diese also beispielsweise nur auf einen Meter genau angeben, dann hat das natürlich einen enormen Einfluss auf die bestimmte Geschwindigkeit. Wäre z. B. die Differenz der beiden Zeiten 0,027 s und unsere Entfernung für das Zweifache des Abstands der beiden Smartphones einmal 9 m und

---

[3] Werte aus RWTH Aachen, Phyphox: https://www.youtube.com/watch?v=-XSTRqhJ6MQ.

einmal 10 m, dann ergäbe sich für die Schallgeschwindigkeit im ersten Fall gerundet 330 m pro Sekunde und im zweiten Fall etwa 370 m pro Sekunde. Das ist ein recht großer Unterschied von rund 10 %, der nur durch die Unsicherheit in der Entfernungsmessung hervorgerufen wurde. Unsichere Werte der Schallgeschwindigkeit führen wiederum zu Unsicherheiten bei Messungen, etwa bei der Wassertiefenbestimmung mit Echolot oder der Entfernungsbestimmung zum nächsten Auto beim Einparken.

Das Beispiel verdeutlicht folgendes Grundprinzip:

> Wird eine Größe oder werden mehrere Größen mit Unsicherheiten verwendet, um wieder neue Größen damit zu bestimmen, dann beeinflussen die Unsicherheiten der Eingangsgrößen auch die Unsicherheit der neu bestimmten Größen.

Im Beispiel der Bestimmung der Schallgeschwindigkeit wird deren Unsicherheit sowohl durch die Unsicherheiten in der Zeit- als auch in der Entfernungsmessung beeinflusst.

Jetzt mal eben die Unsicherheiten abschätzen

Unsicherheiten in der Zeit- und in der Entfernungsmessung bei Schall erinnern mich an eine Winterklettertour, die ich zusammen mit einem Freund vor vielen Jahren in den schottischen Highlands im Gebiet der Cairngorms unternahm (Abb. 9.3). Wegen eines herannahenden Gewitters waren wir etwas nervös, denn vor uns lag noch ein längerer, sehr steiler Kletterabschnitt mit Eis und Fels. Um uns zu beruhigen rief ich meinem Seilpartner folgende Daumenregel zu: „Zähle einfach die Sekunden zwischen Blitz und Donner, teile das Ergebnis durch drei, dann weißt du, wie viele Kilometer das Gewitter von noch uns entfernt ist." „Und wie genau ist dieses Verfahren?" kam es nach einer Weile aus der Eiswand

Abb. 9.3 Herannahendes Schlechtwetter vor einem Gewitter in Schottland. Schlechtes Wetter ist dort im Winter keine Seltenheit, Gewitter allerdings schon. Wie schnell ist Schall unter solchen Bedingungen?

zurück. Das war eine gute Frage, über dich ich erst nachdenken musste: Man muss die Zeit in Sekunden bestimmen, die korrekte Schallgeschwindigkeit für die herrschende Lufttemperatur und -feuchtigkeit kennen, berücksichtigen, dass Blitze nicht nur an einer einzigen Stelle, sondern verteilt in der ganzen Gewitterzelle auftreten können … „Vergiss es wieder und lass uns zügig hochklettern!", war meine Antwort. Am Gipfel angekommen war ohnehin keine Zeitverzögerung mehr zwischen Blitz und Donner festzustellen und unsere Eispickel begannen durch die elektrische Entladung der Luft zu knistern. Dabei hatte der Wetterbericht am Morgen vielversprechend noch „rain will clear into showers" vorhergesagt. Unsicherheiten können unter Umständen ebenso schwer abzuschätzen sein wie das Wetter.

Vererbungsgesetze für Unsicherheiten

Je nachdem, wie Größen mit Unsicherheiten miteinander zusammenhängen, pflanzt sich die Unsicherheit etwas anders fort. Zum Glück gibt es einfache Verfahren, mit denen bestimmt werden kann, wie hoch die maximale Unsicherheit ist, wenn mehrere Größen ins Spiel kommen und diese jeweils eine eigene Unsicherheit mitbringen. Und zwar, wenn unsichere Größen zum einen addiert oder subtrahiert werden, und zum anderen, wenn sie multipliziert oder dividiert werden. Wie das im Detail funktioniert, wird durch Fortpflanzungsregeln berechnet, die in den nächsten Abschnitten anhand von Beispielen illustriert werden. Dort erfahren Sie, wie Sie abschätzen können, wie weit Sie bei der Einnahme einer verschriebenen Menge eines Medikaments daneben liegen könnten, wie viel Rest in einem Glas Nuss-Nougat-Creme verbleibt, ob Ihre Miete innerhalb der Grenzen des Mietspiegels liegt, und ob die Messung der Schallgeschwindigkeit richtig war. Lassen Sie sich dabei von den kleinen Rechnungen nicht abschrecken. Sie sind ganz elementar und haben den großen Vorteil, dass wir die Größe der Unsicherheiten damit ganz konkret bestimmen können.

Anhand der im Folgenden dargestellten Verfahren ist sehr gut zu erkennen bzw. ganz konkret zu errechnen, wie Unsicherheiten einzelner Messungen ein Gesamtergebnis, in das mehrere Messungen eingehen, beeinflussen, also unsicher machen. Auch wird deutlich, dass sich Unsicherheiten in der Regel nicht gegenseitig aufheben können.

Fortpflanzung plus: Jeder Tropfen zählt

Regel: Werden zwei Größen mit Unsicherheiten addiert, dann ergibt sich die absolute Unsicherheit der Summe durch Addieren der absoluten Unsicherheiten der Summanden.[4]

---

[4] Zur Erinnerung: Summe = Summand 1 + Summand 2.

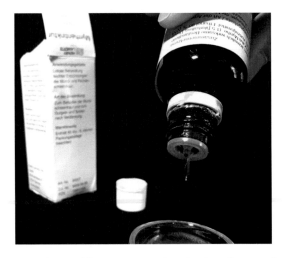

Abb. 9.4 Viele Medikamente werden in Tropfen verabreicht. Wie schlimm ist es, wenn ich mich beim Abmessen verzähle?

Kurz: absolute Unsicherheit der Summe = absolute Unsicherheit der Größe 1 + absolute Unsicherheit der Größe 2.

Einige Arzneimittel werden durch Tropfen aus einer kleinen Flasche verabreicht (Abb. 9.4). Das Dosieren ist bei manchen dieser Fläschchen nicht ganz leicht, denn mitunter kommen die Tropfen mal ganz schnell hintereinander – sodass sich nicht richtig mitzählen lässt –, oder sie sind unterschiedlich groß – sodass unklar ist, wie viel ein einzelner Tropfen nun zählt. Ist es nun tragisch, wenn ich mich verzähle? Wenn man beispielsweise 6-mal täglich 20 Tropfen Medizin nehmen soll und beim Zählvorgang sich jedes Mal um 1 Tropfen irrt, dann ergibt sich eine maximale Unsicherheit an Tropfen pro Tag von $1 + 1 + 1 + 1 + 1 + 1 = 6$ Tropfen: das Ergebnis ist also

120 Tropfen $\pm$ 6 Tropfen.[5] Denn bei jeder der sechs Einnahmen ist die Unsicherheit 1 Tropfen. Die Gesamtunsicherheit addiert sich bei der Tagesdosis aus den Unsicherheiten der sechs einzelnen Einnahmen.

Das ist eine maximale Abschätzung. Denn nicht bei jeder der Einnahmen wird immer ein Tropfen zu viel oder immer ein Tropfen zu wenig eingenommen. Es könnte auch sein, dass 3-mal 1 Tropfen zu viel genommen wird, 2-mal genau die richtige Menge und 1-mal ein Tropfen zu wenig. Dann hat man insgesamt nur 2 Tropfen zu viel genommen und nicht 6. Die Maximalabschätzung ist aber geeignet, um die gesamte Bandbreite der Möglichkeiten einschätzen zu können, auch wenn es nicht so dramatisch kommt. Aus der Medizin gibt es Untersuchungen, die besagen, dass beim Abmessen von Tropfen Abweichungen von bis zu einem Viertel der Soll-Dosis möglich sind.[6] Inwiefern das klinisch relevant ist, hängt natürlich vom Präparat ab.

Fortpflanzung minus: Es bleibt immer Restunsicherheit

Regel: Werden zwei Größen mit Unsicherheiten subtrahiert, dann ergibt sich die absolute Unsicherheit der Differenz durch Addieren der absoluten Unsicherheiten von Minuend und Subtrahend.[7]

Kurz: absolute Unsicherheit der Differenz = absolute Unsicherheit der Größe 1 + absolute Unsicherheit der Größe 2.

---

[5] Das Ergebnis einer Zählung ist eine Zahl ohne Unsicherheit. Allerdings kann der Zählprozess Unsicherheiten haben, verursacht z. B. durch versehentliches Verzählen, zu große Tropfen, zu schnelles Tropfen usw.

[6] Deutsche Apotheker Zeitung Online (DAZ 41/2018): Flüssige Arzneiformen richtig dosieren, https://www.deutsche-apotheker-zeitung.de/daz-az/2018/daz-41-2018/fluessige-arzneiformen-richtig-dosieren.

[7] Zur Erinnerung: Differenz = Minuend – Subtrahend.

Abb. 9.5 Ein Glas Nuss-Nougat-Creme ist ausgelöffelt. Wie viel ungenutzter Rest ist jetzt noch drin?

Kennen Sie das auch? Sie sind am Grunde eines Glases Nuss-Nougat-Creme[8] angelangt und machen sich nun daran, so viel wie noch möglich auszukratzen (Abb. 9.5). Aber egal wie sportlich Sie diese Aufgabe nehmen, es bleibt immer ein Rest im Glas. Mitunter kommt es mir sogar so vor, als würden manche Hersteller extra ungünstig geformte Gläser verwenden, die das Auskratzen besonders schwierig machen.

Aber wie groß ist eigentlich der Rest, der drinbleibt? Ich habe mal spaßeshalber ein handelsübliches Glas Nuss-Nougat-Creme mit der Angabe von 380 g Inhalt ausgelöffelt, dann mit dem verbliebenen Rest auf die Waage gestellt und 207 g mit einer Unsicherheit von 1 g

---

[8] Umgangssprachlich Kokoja.

gemessen. Danach wurde das Glas sorgfältig mit Wasser so ausgespült, dass alle Schokocremereste entfernt waren, abgetrocknet und das nun vollständig leere Glas erneut auf die Waage gestellt. Sie zeigte nun 196 g, wieder mit einer Unsicherheit von 1 g.

Dann berechnet sich der Rest Nuss-Nougat-Creme aus 207 g – 196 g = 11 g mit einer Unsicherheit von 1 g + 1 g = 2 g. Der im Glas verbliebene Rest kann also Werte zwischen 9 g und 13 g annehmen. Bei 380 g Gesamtinhalt sind das immerhin rund 3 % Überbleibsel.

Dieses Ergebnis hängt natürlich ganz davon ab, wie gut das Glas ausgekratzt wurde. Meine Kinder haben den gleichen Versuch mit einem Konkurrenzprodukt durchgeführt und kamen auf 6 g ± 2 g Restmenge. Auch haben sie dabei noch gleich grob nachgesehen, ob die Gewichtsangabe des Herstellers stimmt. Bei vier vollständig neuen Gläser ergab das Gesamtgewicht aus Glas, Deckel und Inhalt einen Median[9] von 417 g ± 1 g, das leere Glas mit Deckel wog 162 g ± 1 g, sodass der reine Inhalt 255 g ± 2 g betrug. Das Etikett verspricht 250 g, das passt also, wenn auch nur knapp.

Zugegeben, bei diesen Experimenten werden die Restmengen Nuss-Nougat-Creme der Wissenschaft geopfert, da sie in Wasser aufgelöst nicht wirklich gewinnbringend genossen werden können. Sie können das Glas am Ende aber natürlich auch mit Milch ausspülen und so die Schokocreme möglichst vollständig auflösen und als Milchshake trinken. Aber dann bleibt trotzdem ein Rest ungenutzter Schokomilch im Glas…

---

[9] Der Median wird berechnet, indem alle Messwerte der Größe nach angeordnet werden und dann der Wert genommen wird, der genau in der Mitte liegt.

Fortpflanzung mal: Auch die Mieten sind unsicher

Regel: Werden zwei Größen mit Unsicherheiten multipliziert, dann ergibt sich die relative Unsicherheit des Produkts durch Addieren der relativen Unsicherheiten der Faktoren.[10]

Kurz: relative Unsicherheit des Produktes = relative Unsicherheit der Größe 1 + relative Unsicherheit der Größe 2.

Niemand möchte gerne zu viel Miete zahlen. Deshalb werden Mietspiegel erstellt, die eine Orientierung für die ortsübliche Miete bieten, indem sie niedrigste und höchste Preise pro Quadratmeter ausweisen. Das lässt sich als Unsicherheitsbereich auffassen. Kommt nun noch hinzu, dass die Messung der Fläche der gesamten Wohnung auch eine Unsicherheit hat, dann kann nachgerechnet werden, ob die Miete „stimmt".

Ein fiktiver Mietspiegel gebe für die Kosten pro Quadratmeter eine Spanne von 5,48 EUR (kleinster Wert) bis 10,48 EUR (größter Wert) mit einem Mittelwert von 7,98 EUR an. Die Unsicherheit ist also 2,50 EUR. 2,50 EUR sind 31,3 % vom Mittelwert 7,98 EUR. Damit ist die relative Unsicherheit für den Preis pro Quadratmeter 31,3 %. Für die Wohnfläche gehen wir nun genauso vor. Die Wohnfläche habe einen Unsicherheitsbereich von 133 m^2 (kleinster Wert) bis 137 m^2 (größter Wert) mit einem Mittelwert von 135 m^2. Die Unsicherheit ist also 2 m^2. 2 m^2 sind 1,5 % vom Mittelwert 135 m^2. Damit ist die relative Unsicherheit für die Quadratmeter der Wohnung 1,5 %. Die Regel sagt nun: Die relative Gesamtunsicherheit für die Mietkosten

---

[10] Zur Erinnerung: Produkt = Faktor 1 · Faktor 2.

der gesamten Wohnung beträgt 31,3 % + 1,5 %, also rund 33 %. Nun ergibt sich der Mittelwert der Mietkosten aus der Wohnfläche, also 135 m², mal dem Quadratmeterpreis, also 7,98 EUR, was 1077,30 EUR ergibt. 33 % davon sind 355,51 EUR. Damit erhalten wir eine zulässige Preisspanne für die Wohnung von rund 1077 EUR ± 356 EUR, d. h. die Miete sollte etwa zwischen 721 EUR und 1433 EUR liegen.

Fortpflanzung geteilt: Schneller und langsamer Schall

Regel: Werden zwei Größen mit Unsicherheiten dividiert, dann ergibt sich die relative Unsicherheit des Quotienten durch Addieren der relativen Unsicherheiten von Dividend und Divisor.[11]

Kurz: relative Unsicherheit des Quotienten = relative Unsicherheit der Größe 1 + relative Unsicherheit der Größe 2.

Wie gut ist die Messung der Schallgeschwindigkeit mit dem oben genannten Verfahren? Nehmen an, wir können die Entfernung zwischen den beiden Smartphones mit einer Unsicherheit von 3 cm bestimmen. Diese Unsicherheit resultiere aus den Eigenschaften des Zollstocks (Auflösung der Skala, Linearität der Skala und Kalibrierung; siehe Kap. 6), dem „Wackeln" beim Hantieren am Boden und der Unsicherheit, wo genau das Mikrophon des Smartphones ist. Weiter nehmen wir an, dass die Differenz der beiden gemessenen Zeiten eine Unsicherheit von 0,002 s hat.[12] Mit den Werten aus dem Bei-

---

[11] Zur Erinnerung: Quotient = Dividend : Divisor.

[12] Die 0,002 s ergeben sich aus den Unsicherheiten beider einzelnen Zeitmessungen von je 0,001 s. Gemäß der Regel für Differenzen summieren sich die absoluten Unsicherheiten. Dabei setzen wir jetzt voraus, dass die angezeigten Stellen auf dem Display der Smartphones (mit Angaben von 1/1000 s) tatsächlich der Unsicherheit entsprechen.

spiel oben können wir nun die relative Unsicherheit der Entfernungsmessung bestimmen: Zunächst ist 3 cm die absolute Unsicherheit für die Messung des Abstands s der zwei Smartphones, der 5 m = 500 cm beträgt. Also ist die absolute Unsicherheit für die doppelte Strecke 2 s, die wir zur Berechnung brauchen, 2 · 3 cm = 6 cm für die 10 m = 1000 cm. Damit ist die relative Unsicherheit für den Weg $\frac{6\,cm}{1000\,cm}$ = 0,006 = 0,6 %.

Analog erhält man die relative Unsicherheit für die Zeitmessung: Diese ist 0,002 s geteilt durch 0,027 s, also 0,074 = 7,4 %. Damit ist die relative Unsicherheit der Schallgeschwindigkeit 0,6 % + 7,4 % = 8 %. Mit dem Ergebnis von 370 m/s ergibt sich dann eine absolute Unsicherheit von 370 m/s · 0,08, also rund 30 m/s. Wir können also als Ergebnis der Messung festhalten: Die gemessene Schallgeschwindigkeit beträgt 370 m/s ± 30 m/s.

Vergleicht man dieses Ergebnis mit Werten von wissenschaftlichen Messungen (sogenannte Literaturwerte), die für trockene Luft bei 20°C den Wert 343,2 m/s angeben, dann ist unser Ergebnis zwar deutlich höher, aber doch noch knapp verträglich mit dem Literaturwert (siehe Kap. 6). Mögliche Abweichungen können z. B. von der Lufttemperatur und der Luftfeuchtigkeit beim Experimentieren herrühren. Weiterhin führt ein Klatschen etwas oberhalb der Smartphones (und nicht direkt am Ort der Smartphones) zu etwas anderen Schallwegen, als wir bei der Berechnung angenommen haben.

Wer vererbt am meisten?

Wenn bei Messungen, Prognosen oder Berechnungen mehrere Größen mit Unsicherheiten verwendet werden, um neue Größen zu bestimmen, dann beeinflussen die Unsicherheiten der Eingangsgrößen die Unsicherheiten der neu berechneten oder abgeschätzten Ausgangsgrößen.

Daher müssen auch für diese neuen Größen Unsicherheiten bestimmt werden. Dafür wurden vereinfachte Verfahren für einfachere Zusammenhänge von Größen wie Summen, Differenzen, Produkte und Quotienten präsentiert, sodass das Grundprinzip der Fortpflanzung von Unsicherheiten deutlich wird. In der Wissenschaft werden hingegen komplexere Verfahren verwendet, und die Fortpflanzung von Unsicherheiten wird für viel kompliziertere Zusammenhänge mit vielen Einflussvariablen und umfangreichen Gleichungen berechnet.

In manchen Situationen ist es sinnvoll zu beurteilen, welche der Eingangsgrößen mit Unsicherheiten bei einer Unsicherheitsfortpflanzung die größte Rolle spielt.

Messe ich beispielsweise Zeiten beim Sport mit einer Atomuhr, so bringt die superkleine Unsicherheit in der Zeitmessung von 1 Milliardstel Sekunde keinerlei Vorteile. Denn die Unsicherheit der Ortsmessung ist viel einflussreicher: Wurde die Ziellinie bereits erreicht oder noch nicht, und ist die Laufbahn genau genug vermessen? Bei den Olympischen Spielen wird bei Laufwettkämpfen das Überschreiten der Ziellinie mit einer Kamera registriert, die die ersten Millimeter der Ziellinie und den Bereich darüber erfasst und mehrere 1000-mal pro Sekunde fotografiert.[13] Dadurch lässt sich recht genau rekonstruieren, wann die Ziellinie erreicht wurde, und es sind Zeitangaben mit einer 1/100 s Unsicherheit problemlos möglich.

Da eine solche Auswertung nicht immer instantan möglich ist, gibt es bei professionellen Veranstaltungen eine

---

[13] Physikalisch-Technische Bundesanstalt (2002). Im Banne...: https://www.ptb.de/massstaebe/heft_2/massstaebe_02_08.pdf.

weitere Zeitmessung, die etwas weiter hinter der Ziel-
kamera durchgeführt wird. Diese zeigt sofort einen Wert
im Stadion an, der aber größer sein kann, weil die Uhr
geringfügig später gestoppt wird. So werden aber nicht
vorschnell Weltrekorde angezeigt, die später widerrufen
werden müssen.

Dieses Beispiel der Zeitmessung verdeutlicht, dass
die Unsicherheit in der Ortsmessung am Ziel der entscheidende und limitierende Faktor bei der Bewertung
und Unterscheidung der Leistungen der Athleten und
Athletinnen ist. Möchte man noch genauer messen,
müssten noch präzisere Verfahren gefunden werden.
Das ist aber unter Umständen kaum möglich. Denn ein
Spitzenschwimmer bzw. eine Spitzenschwimmerin legt
z. B. in 1/1000 s um die 2 mm zurück. Möchte man auf
1/1000 s genau messen und Ergebnisse verschiedener
Sportlerinnen und Sportler fair miteinander vergleichen,
dann muss auch sichergestellt werden, dass die Bahnen
im Schwimmbad gleich lang sind, also auf 2 mm genau
ausgemessen wurden. Das lässt sich aber baulich kaum
realisieren.

Ein weiteres Beispiel für die Abschätzung, welche
Unsicherheit bei einer Unsicherheitsfortpflanzung den
größeren Einfluss hat, ist das Mietenbeispiel (siehe „Fortpflanzung mal: Auch die Mieten sind unsicher"). Die
relative Unsicherheit bei der Bestimmung der Wohnfläche ist mit 1,5 % wesentlich kleiner und damit deutlich weniger einflussreich als die Unsicherheit im Preis
pro Quadratmeter von 31,3 % beim Mietspiegel. Beim
Mietspiegel spielt also die Musik. Ganz ähnlich bei dem
Beispiel der Schallgeschwindigkeit (siehe „Fortpflanzung
geteilt: Schneller und langsamer Schall"): Die relative
Unsicherheit der Entfernungsmessung macht mit 0,6 %
gegenüber der relativen Unsicherheit der Zeitmessung mit

7,4 % nur einen eher kleinen Teil der relativen Unsicherheit der Schallgeschwindigkeit aus. Möchte ich die Präzision der Schallgeschwindigkeitsmessung verbessern, sollte zunächst für eine kleinere relative Unsicherheit in der Zeit gesorgt werden.

Eine solche Einschätzung, welche Unsicherheiten den größten Einfluss haben, kann deshalb helfen, Messverfahren gezielt an den ausschlaggebenden Stellen präziser zu machen.[14]

***

Mit diesem Kapitel beenden wir den Streifzug durch die Welt der unsicheren Daten, und es ist Zeit für ein Resümee. Was kann man mit absoluten und relativen Unsicherheiten, Unsicherheitsbereichen, verträglichen und unverträglichen Messungen, Dunkelziffern, Abweichungen, Fortpflanzungen, Verteilungen, Streumaßen usw. anfangen?

> **Zusammenfassung**
> - Wird eine Größe oder werden mehrere Größen mit Unsicherheiten verwendet, um wieder neue Größen damit zu bestimmen, dann beeinflussen die Unsicherheiten der Eingangsgrößen auch die Unsicherheit der neu bestimmten Größen.
> - Verschiedene Regeln bestimmen für mathematische Verknüpfungen von Größen mit Unsicherheiten, wie sich diese fortpflanzen. Bei Summen und Differenzen addieren sich die absoluten Unsicherheiten, bei Produkten und Quotienten addieren sich die relativen Unsicherheiten.

---

[14] Mathematisch werden die Einflüsse einer Eingangsgröße auf eine Ausgangsgröße durch Empfindlichkeitskoeffizienten beschrieben.

- Je nach Größe der Unsicherheiten der Eingangsgrößen und der Art und Weise, wie sie mit der Ausgangsgröße verknüpft sind, wirken sie sich unterschiedlich stark auf die Unsicherheit der neuen Größen aus.

10

Cum grano salis

*Am 04.08.1987 ging für mich gegen 13:00 Uhr ein lang
gehegter Traum in Erfüllung. Ich stand auf dem Gipfel
des 4478 m hohen Matterhorns, dem schönsten Berg der
Welt (Abb. 10.1). Hinter und unter mir lag der berühmte
Hörnligrad, über den 1865 die ersten Menschen den Gipfel
erreichten. Jene Erstbegehung endete damals tragisch mit
dem Tod von vier Bergsteigern, die beim Abstieg über die
Nordwand in den Abgrund stürzten. Tatsächlich zeigt das
Matterhorn seine Schönheit nur von Weitem, denn in den
Wänden liegt jede Menge loses Gestein, auf dem man schnell
das Gleichgewicht verlieren kann. Ich hatte die inzwischen
mit fest verankerten Seilen etwas „entschärfte" Kletterei beim
Aufstieg fast für mich allein – eine Seltenheit an diesem
Berg. Das war aber auch schon alles an guten Bedingungen,
denn es lag dichter Nebel über dem Berg. Die Sicht betrug
kaum 10 m und ein steifer Wind blies. Mir war kalt. Dabei
hatte der Bergwetterbericht eine Temperatur von immerhin*

© Der/die Autor(en), exklusiv lizenziert durch Springer-Verlag
GmbH, DE, ein Teil von Springer Nature 2022
B. Priemer, *Unsicherheiten, aber sicher!*,
https://doi.org/10.1007/978-3-662-63990-0_10

Abb. 10.1 Wolkentürme vor einem herannahenden Schlechtwetter am Matterhorn. Am Gipfel kann es dann ganz schön kalt
werden

*3 °C für die 4000-m-Grenze vorhergesagt. Klar, oben auf
Bergen ist es immer etwas kälter, erst recht, wenn noch Wind
dazukommt. Deshalb gehört gute Ausrüstung, wie warme
Kleidung, auf jeden Fall in den Rucksack. Mit so einer argen
Kälte hatte ich aber nicht gerechnet.*

Bei späterer Betrachtung ließ sich die Saukälte gut
erklären. Ohne zu rechnen ist völlig klar, dass die
Temperatur mit den hinaufgestiegenen Höhenmetern
abnimmt und dass Wind uns auskühlen kann. Aber wie
groß ist dieser Effekt? 1 °C, 5 °C oder 10 °C? Das lässt sich
ganz gut abschätzen. Zunächst gab es zwei verschiedene
Abweichungen. Zum einen hatte der Wetterbericht die
Temperatur für 4000 m angegeben. Der Gipfel des

Matterhorns liegt aber fast 500 m höher. Pro 100 Höhen-
meter kann mit rund 0,65 °C Abnahme der Temperatur
gerechnet werden. Deshalb kann die Temperatur am
Gipfel um die 3 °C geringer sein als auf 4.000 m, damals
also z. B. um die 0 °C gelegen haben. Zum anderen fühlt
sich eine Temperatur anders an, wenn Wind weht. Diese
gefühlte Wind-Chill-Temperatur ist immer geringer als
die gemessene Temperatur. Bei 0 °C und einem Wind von
50 km/h (ein steifer Wind) fühlt es sich wie -8 °C an.[1]

Die gefühlte Temperatur von -8 °C zeigt schon sehr
deutlich, dass es auf dem Gipfel an diesem Tag "frisch"
sein muss. Aber wie sicher ist dieser Wert von -8 °C?
Neben diesen beiden systematischen *Abweichungen* hin zu
geringeren Temperaturen gibt es *Unsicherheiten*. Erstens:
Die Temperaturangabe des Wetterberichts ist unsicher,
schätzen wir diese auf 1 °C. Zweitens: Die Faustformel für
das Abschätzen der Temperaturabnahme pro 100 Höhen-
meter ist unsicher. Im Mittel beträgt die Temperaturabnahme 0,65 °C pro 100 m in diesen Höhenbereichen.[2]
Im Mittel bedeutet, dass der Wert 0,65 °C ein Mittelwert ist, der ebenfalls eine Unsicherheit hat. Gehen
wir bei dieser Unsicherheit mal von 0,05 °C aus. Auf
500 m hochgerechnet ergibt das eine Unsicherheit von
0,3 °C. Drittens: Die Wind-Chill-Temperatur, die einer
gemessenen Temperatur bei einer bestimmten Windgeschwindigkeit eine gefühlte Temperatur zuordnet, ist
unsicher. Denn das Kälteempfinden ist natürlich bei
jedem anders. Schätzen wir diese Unsicherheit gutmütig
auf nur 1 °C. Dann haben wir insgesamt eine *Abweichung*
vom 3 °C.-Wert des Wetterberichts (für 4.000 m) von 3 °C

---

[1] Deutscher Wetterdienst: https://www.dwd.de/DE/service/lexikon/Functions/
glossar.html?lv2=102936&lv3=103172 oder Wikipedia: https://de.wikipedia.
org/wiki/Windchill.
[2] Wikipedia: Quelle: https://de.wikipedia.org/wiki/Lufttemperatur.

(100-m-Regel) plus 8 °C (Wind-Chill) , also ergibt sich
-8 °C. Dieser Wert wiederum hat eine *Unsicherheit* von
1 °C (Wetterbericht) plus 0,3 °C (100-m-Regel) plus 1 °C
(Wind-Chill), sodass sich aufgerundet ergibt: Die gefühlte
Temperatur liegt bei -8 °C ± 3 °C, also zwischen -5 °C
und -11 °C. Und das ist saukalt – deutlich kälter als 3 °C.

Damit Sie kein falsches Bild bekommen: Nein, ich
rechne sowas natürlich auch nicht immer durch. Das wäre
zu mühsam und meist auch unnötig. In der Regel reicht es
zu wissen, *dass* es Abweichungen und Unsicherheiten gibt,
und manchmal ist es ausreichend, diese grob abzuschätzen.

Mit einem Korn Salz

Cum grano salis (Latein für *mit einem Korn Salz*) steht
sprichwörtlich für die Einschränkung der Genauigkeit einer Aussage. Dieses Werk hat Sie in diesem Sinne
hoffentlich angeregt, über Unsicherheiten nachzudenken.
Mit dem Wissen, dass jede Messung und jede Prognose
Unsicherheiten hat und dass es zusätzlich vielleicht noch
systematische Abweichungen gibt, können Sie zukünftig
einen kritischen Blick auf Daten und Messergebnisse
werfen. Auch lassen sich Vorhersagen mit derartigen
Unsicherheitsabschätzungen machen: Im erwähnten Werk
von Jules Verne wird von der Erdoberfläche aus eine riesige
Kanone direkt in Richtung des Mittelpunkts des Mondes
gerichtet. Welchen Einfluss hat es in diesem Fall, wenn die
Ausrichtung der Kanone nur um 1°, also den 90. Teil eines
rechten Winkels, abweicht? Die Kanone würde, statt auf
den Mittelpunkt des Mondes zuzufliegen, knapp 3 Mond-
radien (insgesamt rund 4900 km) von der Mondober-
fläche entfernt am Mond vorbeifliegen.[3] In diesem Fall

---

[3] Abgeschätzt durch x = r tan 1°, mit x der Abweichung von der Richtung zum
Mittelpunkt des Mondes (eine Strecke, die senkrecht auf der Verbindungslinie
von der Erde zum Mond liegt und durch den Mondmittelpunkt geht) und r
der kürzesten Entfernung von der Erdoberfläche zum Mondmittelpunkt.

ist der Einfluss der vergleichsweise klein erscheinenden
Unsicherheit von 1° im Winkel auf das Ergebnis – den
Mond zu erreichen – anhand vorhandener Daten gut
bestimmbar.

Schlusslicht

Nun schießen wir nicht jeden Tag eine Kanone oder
Rakete zum Mond, daher soll ein alltagsnäheres Beispiel
am Ende dieses Buches stehen.

Kennen Sie den dunkelsten Ort in Deutschland? Einer
der Orte, der durch seine nächtliche Dunkelheit den
„besten" Sternenhimmel in Deutschland bietet, ist der
Sternenpark Westhavelland[4] bei Gülpe in Brandenburg,
rund 70 km von Berlin entfernt. Hier finden Hobbyastronomen und -astronominnen beste Bedingungen
für die Erkundung des Weltraums. Ein wirklich dunkler
Nachthimmel bietet aber nicht nur gute Bedingungen
für Sternbeobachtende, sondern auch eine gesunde Natur
und Umwelt für alle. Das schließt Menschen ein, denn
es gibt Studien, die die Helligkeit des Nachthimmels in
direkte Verbindung bringen mit Auswirkungen auf den
menschlichen Körper wie z. B. Schlafentzug.[5] Dem liegt
die Frage zugrunde: Gibt es einen Einfluss der Helligkeit des nächtlichen Himmels auf unsere Gesundheit?
Wollte man diese recht umfangreiche Frage zur Lichtverschmutzung beantworten, wäre eine ganze Reihe wissenschaftlicher Untersuchungen notwendig. Wie gut und
überzeugend dabei die Antworten ausfallen, hängt von
vielen verschiedenen Dingen ab. Ein wichtiger Faktor ist

---

[4] Webseite des Sternenparks Westhavelland: https://www.sternenpark-west-
havelland.de.

[5] Argys, L. M., Averett, S. L. und Yang, M. (2020). Light pollution, sleep
deprivation, and infant health at birth, Southern Economic Journal. https://
doi.org/10.1002/soej.12477

die Qualität der Daten bzw. hier die der Messungen, die dazu notwendig sind, mit deren Unsicherheiten. Um diese Qualität zu erkennen und zu beurteilen, wurden in diesem Buch wichtige Konzepte vorgestellt und erläutert. Im Folgenden möchte ich diese schlaglichtartig rekapitulieren, um aufzuzeigen, wie Sie anhand der Themen dieses Buches informiert und ggf. auch kritisch mit Aussagen oder Veröffentlichungen – z. B. zu der Frage des Einflusses von Lichtverschmutzung auf die Gesundheit – umgehen können.

- Zunächst ist es natürlich wichtig festzustellen, ob eine klare Festlegung und Benennung des *Ziels einer Messung* erfolgt ist. Dies hat weitreichende Konsequenzen auf die Wahl der *Messmethode* und der *Messinstrumente,* die Anzahl an Messungen und die Folgerungen, die aus dem Ergebnis gezogen werden können. Es macht z. B. einen Unterschied, ob für einen Ort herausgefunden werden soll, wie gut in den Sommermonaten die Bedingungen für Beobachtungen des Nachthimmels sind und welchen Einfluss das auf die Zufriedenheit von Hobbyastronomen und -astronominnen hat. Oder aber, ob der Zusammenhang zwischen Helligkeit von außerhalb des Wohnraums erzeugtem künstlichen Licht zur Nachtzeit in einem Schlafraum und der Schlafdauer von Personen im Alter von 30 bis 50 Jahren untersucht werden soll. Beides hat im weitesten Sinne mit dem Einfluss von Lichtverschmutzung auf die Gesundheit von Menschen zu tun, zöge aber ein sehr unterschiedliches Vorgehen bei einer Untersuchung nach sich.
- Die genutzten Verfahren zur Messung der Helligkeit des Nachthimmels und deren *Unsicherheiten* bestimmen die Qualität der Daten. Eine Möglichkeit ist z. B. die Betrachtung des Nachthimmels mit dem menschlichen Auge und mittels der Einschätzung

der Lichtverschmutzung mit der neunstufigen Bortle-Skala: Sie reicht von extrem dunkel (wie es in Wüstenregionen vielfach der Fall ist) bis zu sehr hell (wie in vielen Innenstädten) und richtet sich danach, welche und wie viele astronomische Objekte (wie z. B. Sterne) mit dem bloßen Auge zu erkennen sind. Ein anderes Verfahren nutzt Messgeräte wie Sky Quality Meter mit lichtempfindlichen Sensoren, die die Flächenhelligkeit (Lichtstärke pro Fläche) erfassen. Beide Verfahren werden in der Praxis genutzt, haben aber deutlich unterschiedliche Unsicherheiten und erzeugen damit auch unterschiedliche *Unsicherheitsbereiche* bei Messungen.

- Die Anzahl der Messungen, die durchgeführt werden, spielt eine Rolle für die Aussagekraft der Daten. Messungen zur Lichtverschmutzung lassen sich durch eine *einmalige Beobachtung* an einem Ort durch Blick in den Himmel durchführen. Das ermöglicht allerdings nur eine sehr eingeschränkte Aussage über die Lichtverschmutzung, hilft aber vielleicht bei der Planung von Sternbeobachtungen in der Freizeit. *Wiederholte Messungen* an verschiedenen Standorten berücksichtigen natürliche und anthropogene Einflüsse (wie Wetter bzw. Nähe zu zivilisatorischer Infrastruktur) und führen zu einer breiteren Datenbasis. Es können so etwa Lichtverschmutzungskarten erstellt und Schwankungen der Lichtverhältnisse im Jahr beschrieben werden. Die *Verteilung* und die *Streuung* der erhaltenen Messwerte bei wiederholten Messungen unter gleichen Bedingungen sind Indikatoren dafür, wie stark die Werte schwanken, was wiederum einen Einfluss auf die Unsicherheit der Messungen hat.

- *Grenzwerte* für Lichtbelastungen können helfen, Mensch und Umwelt zu schützen. Allerdings bedürfen

Grenzwerte zum einen einer sinnvollen Festlegung, was wissenschaftliche Erkenntnisse zur Einschätzung der Risiken von Lichtemissionen voraussetzt. In Deutschland gibt es bislang kein Bundesgesetz zur Bekämpfung und Beschränkung von Lichtverschmutzung.[6] Zu berücksichtigende Grenzwerte werden aber bezüglich der Aufhellung von Räumen durch äußere Lichtquellen z. B. in Richtlinien des Landes Nordrhein-Westfalen genannt.[7] Zum anderen ist anzugeben, wie und unter welchen Bedingungen gemessen werden muss: *Messverfahren* und *Messgeräte* müssen eine bestimmte *Genauigkeit* (*Präzision* und *Richtigkeit*) besitzen und vorgegebenen Kriterien genügen. Denn nur so kann geprüft werden, ob ein Grenzwert überschritten wurde oder ob zwei Messungen – z. B. die Lichtbelastung an zwei verschiedenen Orten – miteinander *verträglich* sind.

- Unsicherheiten in der Messung der Helligkeit des Nachthimmels können sich *fortpflanzen* und sich auf andere damit berechnete Größen übertragen. So können sich bei einer auf Messungen beruhenden Prognose des Einflusses von nächtlichem Kunstlicht auf Schlafstörungen beim Menschen die Unsicherheiten der Helligkeit auf das Ausmaß der angenommenen Schlafstörungen auswirken.
- Die Forschung bezüglich der Auswirkungen der Lichtverschmutzung auf Natur und Umwelt steht erst am

---

[6] Wissenschaftliche Dienste des Deutschen Bundestags, Lichtverschmutzung – Rechtliche Regelungen zur Beschränkung von Beleuchtung in Deutschland und ausgewählten europäischen Staaten, https://www.bundestag.de/resource/blob/632966/7ba7c4cd1cfef87380d58376f1c2f165/WD-7-009-19-pdf-data.pdf.

[7] Ministerium für Umwelt, Landwirtschaft, Natur- und Verbraucherschutz des Landes Nordrhein-Westfalen, https://www.umwelt.nrw.de/umwelt/umwelt-und-gesundheit/licht.

Anfang. Vieles liegt noch im *Dunkeln* und kann deshalb nur vermutet oder grob abgeschätzt werden. So ist zzt. noch unklar, welche genauen Auswirkungen das nächtliche Kunstlicht auf das Zugverhalten von Vögeln hat. Des Weiteren bestehen auch bei diesem Thema unterschiedliche Interessen. Umweltschutz spricht eher für verstärkte Dunkelheit, während in Siedlungsgebieten Licht in der Nacht Sicherheit bringt. Daher kann auch hier bei Studien ein *Bestätigungsfehler* auftreten, wenn diese im Auftrag eines bestimmten Interessensvertreters die „gewünschten" Ergebnisse erzielen sollen.

Hintergrundwissen über Unsicherheiten kann dabei helfen, Pressemitteilungen, wissenschaftliche Studien, Aussagen von Politikerinnen und Politikern, Forderungen von Umweltorganisationen oder wirtschaftlichen Interessensverbänden zu analysieren, zu verstehen, zu hinterfragen und zu bewerten. Das gelingt dann am besten, wenn Unsicherheiten offensichtlich, verständlich und explizit angegeben sind. Oft jedoch sind sie versteckt, verschwiegen oder unverständlich und lassen sich deshalb nur mit Mühe oder auch gar nicht aufdecken. Hinzu kommt, dass Beurteilungen von Unsicherheiten, die in der Rechtsprechung, im Alltag oder in der Politik herangezogen werden, sich oft auf mehr als nur die vorliegenden Daten stützen. Entscheidungen werden mit Blick auf Moral, Person oder besondere Umstände getroffen.

Dieses Buch kann hier helfen, Aufmerksamkeit für das Auftreten oder Fehlen von Unsicherheiten zu wecken, Lücken bei der Angabe von Unsicherheiten aufzudecken und so einen kritischen Blick auf die Daten selbst und die daraus gezogenen Schlüsse zu fördern. Schließlich können wir mit Grundkenntnissen über Unsicherheiten in

Daten auch abschätzen, was wir zur Beurteilung von deren Qualität benötigen.

In diesem Sinn hat das Buch Sie hoffentlich sicherer im Unsicheren gemacht.

Stichwortverzeichnis

© Der/die Herausgeber bzw. der/die Autor(en), exklusiv lizenziert
durch Springer-Verlag GmbH, DE, ein Teil von Springer Nature 2022
B. Priemer, *Unsicherheiten, aber sicher!*,
https://doi.org/10.1007/978-3-662-63990-0